RENLEI FEIXING DE GUSHI

本书编写组◎编

人类飞行的故事

广州·北京·上海·西安
世界图书出版公司

揭开未解之谜的神秘面纱，探索扑朔迷离的科学疑云；让你身临其境，受益无穷。书中还有不少观察和实践的设计，读者可以亲自动手，提高自己的实践能力。对于广大读者学习、掌握科学知识也是不可多得的良师益友。

图书在版编目（CIP）数据

人类飞行的故事／《人类飞行的故事》编写组编著
. —广州：广东世界图书出版公司，2009.12 （2024.2 重印）
ISBN 978－7－5100－1435－2

Ⅰ. ①人… Ⅱ. ①人… Ⅲ. ①航天－青少年读物②航
空－青少年读物 Ⅳ. ①V4－49②V2－49

中国版本图书馆 CIP 数据核字（2009）第 217001 号

书　　名	人类飞行的故事
	RENLEI FEIXING DE GUSHI
编　　者	《人类飞行的故事》编写组
责任编辑	康琬娟
装帧设计	三棵树设计工作组
出版发行	世界图书出版有限公司　世界图书出版广东有限公司
地　　址	广州市海珠区新港西路大江冲 25 号
邮　　编	510300
电　　话	020-84452179
网　　址	http://www.gdst.com.cn
邮　　箱	wpc_gdst@163.com
经　　销	新华书店
印　　刷	唐山富达印务有限公司
开　　本	787mm×1092mm　1/16
印　　张	10
字　　数	120 千字
版　　次	2009 年 12 月第 1 版　2024 年 2 月第 12 次印刷
国际书号	ISBN　978-7-5100-1435-2
定　　价	48.00 元

前　言
PREFACE

　　1903 年 12 月 17 日，一个奇寒的清晨。在美国北卡罗来纳基蒂霍克村外不远的空旷沙滩上，静静地停放着一个又高又长、带着巨大双翼的怪家伙。远远望去，仿佛是一只展翅欲飞的巨鸟，昂首屹立于凛冽的寒风中。这是人类历史上的第一架飞机，莱特兄弟给它起了一个动听的名字——"飞行者"。

　　这天"飞行者"一号总共进行了 4 次飞行，第一次试飞是由弟弟奥维尔驾驶的，飞机摇摇晃晃在空中飞行了 12 秒钟，在 36 米远的地方降落下来。不过后来得到世界公认的第一次自由飞行则是由哥哥威尔伯·莱特驾驶的第四次飞行，飞机在空中用 59 秒的时间飞行了 260 米。

　　这次飞行是人类航空史上一个重要的里程碑，它是航空史上第一个主要依靠动力飞行的航空器，能绕三个轴线改变航向，按照人们的意志驾驶，实现了真正的自由飞行。在基蒂霍克海滩上，人类悄悄地迎来航空史上的黎明。

　　二十世纪最重大的发明之一，是飞机的诞生。人类自古以来就梦想着能像鸟一样在太空中飞翔。而 2000 多年前中国人发明的风筝，虽然不能把人带上太空，但它确实可以称为飞机的鼻祖。

　　飞机是人类在 20 世纪所取得的最重大的科学技术成就之一，有人将它与电视和电脑并列为 20 世纪对人类影响最大的三大发明。飞机的发明使航空运输业得到了空前发展，许多为工业发展所需的种种原料拥有了新的来源和渠道，大大减轻了人们对当地自然资源的依赖程度。特别是超音速飞机诞生以后，空中运输更加兴旺。

　　飞机的巨大能力有目共睹。当然，飞机在军事上的应用给人类也带来了惨重的灾维，对人类文明产生了毁灭性破坏。但是和平利用飞机，才是人类发明飞机的初衷。

Contents
目　录

人类飞行的故事

人
类
飞
行
的
故
事

飞翔的梦想

FEIXIANG DE MENGXIANG

鸟儿飞过，天空没有留下痕迹，但却在人类的心中种下了梦想。人类可以像猿猴那样在树上攀援、可以像鱼儿那样在水里畅游，却不能像飞鸟那样在空中翱翔。也许正因为自己不能飞行，我们的祖先在神话故事中创造了能够腾云驾雾的神仙，或者骑着扫把的女巫，以寄托对天空的渴望。

然而人类不仅仅满足于精神上的飞翔，试飞行动一直就没有停止过。古人认为人之所以不能飞，是因为缺少翅膀，因此，只要造出一个合适的翅膀就能像鸟儿一样飞翔了。早在中国西汉，就曾有人用鸟的羽毛制成翅膀，绑在身上从高台上跳下并滑翔了几百步。历史上这样的"飞人"还有很多，他们本想像鸟儿那样拍拍翅膀直冲云霄，结果大都非伤即亡。不过，也有少数的"飞人"比较成功。据说在公元13世纪，旅行家马可·波罗在游历中国的时候，亲眼看到有人乘着风筝在空中飘舞的景象。

100年前，当莱特兄弟"起飞"的时候，他们可能没料到自己制造的飞行机器竟会如此地影响着整个人类社会。虽然当年的飞行距离只有36米，却将人类带入了飞行的时代。从此，人类不必再去羡慕拥有翅膀的鸟儿，我们飞越海峡，横贯大陆，飞翔在地球的高山和大洋之上。然而这还不够，人类还冲出了大气层，踏上月球，飞向宇宙的深处。

古人的飞翔梦

嫦娥奔月

我们每个人都有一个充满幻想的童年，那时候，都情不自禁地会对空中滑过的飞鸟、花间翩翩起舞的蝴蝶羡慕不已，幻想自己要是能长上翅膀飞起来该是多么惬意。动画片中那些会飞的主人翁，就是孩子们渴望飞行的象征；而每当中秋节，一边吃着月饼、仰望晴朗夜空中皎洁的月亮，一边听老奶奶讲述月亮上面捣药的玉兔、嫦娥在月宫里面翩翩起舞的故事。这让幼小的心灵蠢蠢欲动，恨不得也飞到月亮上面去旅游参观一次。

可是在古代，人们对鸟儿只能羡慕，对月亮只感到神秘。他们望着神秘辽阔的天空，在心里演绎着美丽的幻想，给我们留下了无数人类飞天的神话和传说。

传说我们的始祖黄帝就是骑着龙到天上去做神仙的；征服洪水的大禹也曾经驾着龙到天空游玩。传说中的周穆王访问西王母的时候，曾经乘一辆"黄金碧玉之车"，腾云驾雾，以日行万里的速度奔向西方的昆仑山；而作为主人的西王母，乘坐的是一辆更为华丽的"紫云车"。再比如那个脍炙人口的成语"乘龙快婿"就说的是秦穆公的女婿是乘龙的肖史，女儿是跨凤的弄玉。他们都能在空中自由地飞来飞去。战国时期的伟大诗人屈原在他的著名长诗《离骚》里，想象自己坐在飞龙拉着的车里，在空中飞行：云彩像一面面旗帜迎风飘扬，凤凰在他的旁边飞鸣。他飞过高峻的昆仑山，飞过望不见人烟的流沙，最后到达广阔的西海。至于《西游记》里那个大名鼎鼎的孙悟空，更是了不得，"点头八百、扭腰三千，一个筋斗就是十万八千里。"至今保存在甘肃敦煌石窟里的壁画，还给我们留下许多美丽动人的"飞天"的形象。

我国古代关于嫦娥奔月的传说是最为广泛流传的民间故事：

嫦娥奔月是远古神话。"嫦娥"亦作"常娥"，据说是古代英雄、神射手后羿的妻子。古书《淮南子·览冥训》里面这样记载："羿请不死之药于西王母，姮娥窃以奔月，怅然有丧，无以续之。"大意是一位名叫嫦娥的女子，非常漂亮，她感到人间生活的寂寞，向往能腾云驾雾，像鸟儿在天空中自由翱翔。她的丈夫后羿从西王母娘娘那里得到了长生不死药。有一天，嫦娥趁丈夫不在时，偷服了长生不死药。没想到一会儿，她就变得身轻如燕，抱着心爱的小白兔不由自主地飞了起来。最后告别了凡间，一缕烟似的一直飞进月宫，来到月宫过着神仙的生活。

嫦娥飞到月宫后，时间久了，感到"琼楼玉宇，高处不胜寒"，开始想念人间和丈夫，就像李商隐的诗里面说的，"嫦娥应悔偷灵药，碧海青天夜夜心"，正是她孤寂心情的写照。嫦娥向丈夫倾诉懊悔，又说："平时我没法下来，明天乃月圆之时，你用面粉作丸，团团如圆月形状，放在屋子的西北方向，然后再连续呼唤我的名字。到三更时分，我就可以回家来了。"第二天晚上，后羿照妻子的吩咐去做，嫦娥果然由月中飞来，夫妻重聚，中秋节做月饼供嫦娥的风俗，也是由此形成。表现这一情节的嫦娥图，当是世人渴望美好团圆，渴望幸福生活的情感流泄。

还有个传说，有个仙人叫吴刚，因为他犯了过失，被罚到月宫去砍伐一株五百丈高的桂树；结果是刀砍下去以后，桂树就会自动愈合，吴刚只好一直不停地砍树。毛主席在那首著名的《蝶恋花·答李淑一》的词中，也引用了这个故事，说吴刚捧出桂花酒来招待烈士的忠魂，嫦娥也为他们翩翩起舞。

随着科学技术的发展，我们中华民族的飞天梦想终于实现！

2007年10月24日，在长征火箭的托举下，我国第一颗探月卫星——嫦娥一号在西昌卫星发射中心发射成功，于11月7日进入200千米的环月工作轨道；经过一年多时间的绕月飞行，2009年3月1日16时13分10秒，嫦娥一号卫星在北京航天飞行控制中心科技人员的精确控制下，准确降落于月球东经52.36度、南纬1.50度的预定撞击点，实现了预期目标，成功完成硬着陆。撞击月球地表的一瞬，也是这位中国首个探月使者生命的最后一抹绚烂，为中国探月一期工程画上一个圆满的句号。"嫦娥一号"在空中度过了495天，大大超过其为期一年的设计寿命。嫦娥一号发射成功，使中国成为世界第五个发射月球探测器的国家地区。

伊卡洛斯飞向天空

不仅中国古代流传着这些飞天的神话，外国也有很多类似的神话传说。

古希腊有一则神话：在公元1200年前，有一个心灵手巧的建筑师代达罗斯，他用斧头、锯子、钻和胶来建筑宫殿、帆船。后来，他被诬告犯有叛国罪，从雅典放逐到地中海的克利特岛。在克利特岛上，代达罗斯建造了迷宫，盼望在这个迷宫中能抓到牛首人身的怪兽。这件事触怒了克利特岛的国王，国王把他和他的儿子伊卡洛斯囚禁在他建造的迷宫中。父子两人想离开这个苦难的地方，回到故乡去。但国王阻挠他们回国，没有国王的命令，是不可能得到任何船只的。一天，代达罗斯看到大雁南飞，灵机一动，就想方设法收集了不少海鸟的羽毛，把这些羽毛用藤和蜡固定起来，做成了翅膀。也给他儿子伊卡洛斯做了一副翅膀。他们将翅膀固定在背上，腾空而起，飞出了监狱，翱翔在海洋上空。儿子伊卡洛斯由于年轻、好奇，竟不顾父亲的劝告，越飞越高，一直飞到太阳附近。

不幸的事情终于发生了：太阳的高温熔化了翅膀上的蜡，羽毛做的翅膀散开了，这个勇敢的年轻人就掉进了海洋里，魂飞魄散。代达罗斯悲痛万分，只好孤身艰难地飞往西西里岛，在那里安度晚年。后来，人们为了纪念这个勇敢的小伙子，就把这个海域叫做伊卡洛斯海。

会飞的木鸟

古代向往飞行的神话，美妙动听，典雅隽永，激发了人们制造飞行器、把神话变成现实的兴趣。通过大胆地追求与努力，尝试去叩开通向蓝天的大门。

那些传说中的人物，都是我国古人幻想中的"飞行家"。那些传说和神话，说明人们没有放弃飞天的幻想，希望总有一天，能够自由自在地在空中飞来飞去，而不甘心永远待在地面上。

在我国的一部古书《山海经》里，记载着这样一个故事：从前，西方有个奇肱国。那个国家的人会猎取飞禽，还会造飞车。人坐着飞车就可以随着风飞到老远的地方去。汤的时候，有一次刮西风，刮来了奇肱国的人和飞车；隔了十年，有一次刮东风，又把人和飞车刮回去了。

奇肱飞车的故事，反映了人类关于飞行的幻想和神话，又有了进一步的发展。在这个故事里，人们不仅不再把希望寄托在从来没有见过的会飞的"龙"的身上，而且也不再依赖"灵丹妙药"了。他们想靠自己的双手，制造出一种器械来乘风飞行。这个理想有了现实的意味。随着技术的逐渐进步，这个理想逐渐有可能实现了。

人最大的特点，是会把自己的幻想付诸实践。有飞行的理想，就必然有飞行的实践。

公元前 5 世纪初，止是我国春秋、战国交替的时代。那时候，学术很发达，呈现出"百家争鸣"的繁盛景象。特别是生产技术有了进一步的发展，铁制工具已经开始广泛使用了；机械学、物理学、军事工程学的初步原理，也被一些人掌握了。在这个思想和物质的基础上，出现了墨子制造的会飞的木鸟。

墨子名翟，约生于公元前 468 年，约死于公元前 376 年。他是当时著名的哲学家、政治家，又是多才多艺的科学家。以他为代表的一个学术派别，叫做"墨家"。墨家的学说，后来被汇集成一部书叫做《墨子》。在《墨子》里，主要记述了墨子的思想以及墨子和他的弟子们的言行；此外，还有一部分，讲的是机械制造和战争防御的方法。在这部分材料里，还涉及有关力学、声学、光学、几何学等方面的基本原理。因此，《墨子》这部书，不仅是我国早期的哲学著作，而且是我国早期的科学著作。

墨子重视实践，曾亲手制作守城的器械，技术很高明。据说，他曾经带领 300 多个弟子专心研究飞行原理，花了 3 年的时间，制成一只会飞的木鸟，古书上把它叫做"竹鹊"或者"木鸢"。关于这件事，我国很多古书里都有记载。有的说："墨子为木鸢，三年而成，蜚（飞）一日而败（坏）。"有的说："墨子削竹为鹊，飞三日不下。"有的称赞那只木鸟，说它反映了当时制作技术的最高水平。有的讥笑墨子，说他浪费三年时间造出一只飞了一天就坏了的木鸟。

　　根据古书上记载的材料，我们可以推测：那是一架用木材或竹材制成的鸟形飞行器，它或者利用高坡下滑的力量，或者凭借风力，可以上升起来，并且在空中飞行一段不短的时间。这种凭借空气的浮力在空中飘飞的飞行方式，叫做滑翔。但是也有人猜测，那只木鸟是模仿飞鸟制作的，因此，可能是振动翅膀来飞行的，不是滑翔。这种振动翅膀的飞行方式，叫做振翼（也叫扑翼）飞行。至于那只木鸟有多么大，古书也没有明确的记载。但是，从300人专心研究试制了3年这一点来看，我们可以推想，那只木鸟的制作规模是比较大的，不会是仅仅像小鸟般大小。

　　关于制作"木鸢"的故事，也有人把它算在鲁班的账上。

　　鲁班，又名公输班，是我国春秋时代最著名的匠人。民间有许多关于他的传说，把他看作土木工匠的始祖，亲切地称他为"鲁班师傅"。我国现在建筑工程方面的最高奖，就叫"鲁班奖"。他曾经制作过攻城用的"云梯"和水战用的"钩拒"，这在当时是个了不起的发明。由于他的制作技术超过了同时代人的水平，因此人们把他神化了。后世人把许多同他不相干的工程，像北京城的角楼和赵州的石桥，都说成是他创造的。也有人把他看成是"木鸢"的发明者，而且夸大地说他曾经乘着这架木鸟飞到空中，窥探过宋国的都城。

　　在2000多年以前，科学技术水平还是很低的，没有条件制作能够乘人的飞行器。因此，上面的说法是否可靠，还没有定论。但是，鲁班和墨子同是著名的工程家，并且基本上是同时代人。墨子能够造一只会飞的木鸟，鲁班也未必造不了。只是从现有的史料来分析，鲁班造木鸟的说法，附会的成分更多一些。不管那只木鸟是墨子造的，还是鲁班造的；不管那只木鸟飞一日也好，飞半日也好，总之，反映了这样一个历史事件：那就是在2300多年以前，我国就出现了人类历史上第一架飞行器。这在我国科学技术发展史上，应该看做是一件了不起的大事情。由于古书的记载太简略了，历代的学者又认为那只会飞的木鸟没有实用价值，所以没有给以应有的重视。那只木鸟的制造方法也没有流传下来，这是很可惜的。

　　墨子或者鲁班制作的那只木鸟能够飞上天空，要是人装上两个大翅膀，是不是也能够飞上天空呢？一定有不少古人怀着这种想法和希望，也一定有不少古人曾经做过种种幼稚的飞行试验。

最早的飞人

这种例子在古书中有不少记载。

早在中国汉朝的王莽时代，一位猎人萌发了飞天的愿望。他用鸟翎编成一对大翅膀，绑在身上，模仿鸟的飞行，靠臂力扑动羽翼，进行了第一次飞行尝试。他从高处跃下，据说当众滑翔了数百步之远。

公元19年，王莽发动攻打匈奴的战争。他下令招募怀有特殊技能的人，想依靠新花招来取得胜利。这道命令下达以后，有很多人前往应征。有的说渡河可以不用船；有的说，他有一种药，吃了可以好久不饿，真是无奇不有。其中有一个人自称会飞，并且夸口说，能够一飞千里。王莽一听很高兴，就叫他当场试验。那位无名的"飞行家"就在当时我国的首都——长安举行了飞行表演。在东汉时期的史学家班固写的《汉书·王莽传》里，关于这次飞行，有这样一段记载："取大鸟翮为两翼，头与身皆（都）著毛，通引环纽，飞数百步，堕。"

这是关于人在空中飞行的一次重要记录。可惜，这段文字太简略了，不仅那位"飞行家"的姓名没有给记下来，而且他的飞行方法——"通引环纽"法，是振翼飞行，还是滑翔，或者是振翼和滑翔并用，现在也很难断定了。那位"飞行家"虽然没有做到如他自己所说的"一飞千里"，而且这种"飞行"没有什么实用价值，但是，尽管"飞"了几百步或者只是几十步，这在当时也是一件了不起的创举。

模仿鸟的飞行的尝试，国外也有很多次。800年前英国有一个叫阿尔理斯查的人，身穿用鸡毛制作的"飞行衣"，轻飘飘地站在建筑物的高处，探索飞天的路。围观的人暗暗为他祷告。结果，这位勇敢者向前扑腾了60多米，摔到地上，当场壮烈牺牲了。

意大利、土耳其等地方也先后发生了用自制飞翼飞行的事，结果多半是不幸丧生了。

欧洲文艺复兴时期，意大利的天才画家达·芬奇分析了鸟的飞行原理，画出了许多奇特的飞行器草图。他设计了一种"单人扑翼机"，他的一个仆人用"单人扑翼机"做了飞行尝试，结果摔断了一条腿。

装有"机关"的飞行器

从木鸟和风筝再向前发展一步，就出现了装有"机关"的飞行器，以及有关飞行原理的初步探讨。

东汉时期，有一个杰出的学者名叫张衡（公元 78～139 年）。他在天文学、历法和机械工程学等方面，对当时和后世都有很大的贡献。他曾经创制过观测天文的浑天仪和测定地震方向的地动仪，制得非常精巧、准确，是世界上最早的精密仪器。据说，就是这位大科学家，经过不断地研究和试验，终于制成了一架装有"机关"的飞行器，叫做"木雕"。那只木雕的最大特点，是在它的腹中安上了"机关"，只要开动机关，它就能够独自飞出好几里远。

古书上对那只木雕的记载，只有"腹中施（加上）机"和"能飞数里"等几句话。那只木雕的实物和图样也没有保留下来。因此，它的形状怎么样，腹中的机关是些什么，现在已经无法知道了。虽然，在当时的技术条件下，那只木雕"能飞数里"还值得怀疑；但是，张衡首先设计用机械作为飞行的动力，这是一项了不起的试验。

东晋时候的学者葛洪，对飞行的原理作了一些探讨。他发现：老鹰平伸两个翅膀，不扇不摇，也能够在空中盘旋而上。他根据前人的经验和自己的发现，提出了一个制作"飞车"的设想。他认为：制造"飞车"应该用质地坚韧的枣心木和牛革做材料；内部安上机器；可以不用扑打的翅膀，仿照老鹰那样平伸着翅膀就行。他认为根据这种设计制作的飞车可以升到四十里的高空。他的这种设计，好像没有做过实验；"升四十里"，也是不可能的。但是，这个设想却符合飞行的原理。

第一，使车子飞起来，一定要用机器。单凭风力和人自己的力量，是不能作持久飞行的。用机械作为飞行的动力，才是飞行的发展方向。

第二，像老鹰那样平伸翅膀盘旋上升的现象，是一种滑翔现象。葛洪注意到这一点，就为人们指出了这样一种可能：制作飞行器不要老在学鸟儿那样"振翼"上打圈子，可以从固定不动的翅膀上找出路。直到现在，飞机的两翼还是固定不动的，就是因为实现振翼飞行在技术上还有很多难以克服的困难。葛洪的这一见解是很正确的。

到了唐朝，一个天才的工匠韩志和又制作了一架极为精巧的飞行器。

韩志和在机械制造方面有很大的成就。有一次，他特地给皇帝制造了一张"龙床"。那龙床装饰得非常华丽，却显不出有什么特点。但是，只要踏着床上的机关，就立刻出现一条矫健的龙，像在云雨里翻腾着。因此，那张床也叫做"见龙床"。可笑的是那位自命为"真龙降世"的皇帝，一看见那条假龙，却吓得心惊肉跳，立刻叫人把床撤除了。从这个故事里，我们可以看出，韩志和的制作技巧确实达到了惊人的地步。

据说韩志和曾经制作过一架飞行器，外观像鸟儿一样，能够做饮水、吃东西等动作，还能够鸣叫。重要的是只要开动机器，它就能够凌空高飞，升高 100 尺左右，飞行距离约为 400~500 尺。

韩志和生活的唐朝，是我国历史上科学文化非常昌盛的一个时代。据古书记载，当时的其他工匠也有会制木鸡、木鹤的，有的会舞，有的会飞。这些精巧的木制器物，反映了 8~9 世纪时候我国劳动人民在木工技术方面的高度成就，也反映了当时我国对飞行技术的探讨达到了相当的水平。

17 世纪，我国苏州出了一个能工巧匠——徐正明，他花了近 10 年时间造出一架带旋翼的"飞车"。人坐在"飞车"的椅子上，脚踩踏板，通过机械传动旋翼，"飞车"居然离地一尺多高，腾空越过一条小河。徐正明为制"飞车"，负债累累，家境日益贫困，没有办法继续改进他的设计。他死后，妻子悲痛欲绝，一气之下把"飞车"付之一炬。可惜呀，世界上最早的载人飞行器就此失传了。

模仿鸟的扑翼飞行的尝试失败后，人们从风筝飞翔和山鹰的滑翔中得到启发，又开始滑翔道路的探索。

1850 年，英国的"飞机之父"凯利爵士制作了许多风筝式样的滑翔机，

人类飞行的故事

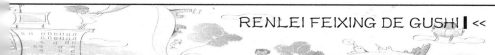

他以沙袋载重滑翔成功。1853 年，凯利爵士制成第一架可载人的滑翔机。此时凯利年事已高，叫仆人代替上天试验。他用滑翔机把仆人送过山谷后放掉拉绳，仆人在空中滑翔了一段距离，直吓得面如土色，魂飞魄散，却成功地开创了滑翔飞行的道路。

德国人奥托·李林塔尔和他的弟弟古斯达夫·李林塔尔按照鸟飞翔的原理，1891 年制成悬挂式滑翔机，试飞成功。李林塔尔对滑翔机研究了 20 多年，投入全部精力，一生中进行了 2000 余次试飞，是举世公认的"滑翔机之父"。他告诉大家，人类虽然不可能像鸟儿一样振动翅膀飞行，但却可以有一副不动的翅膀，利用风的浮力在天空中自由飞行。他还准备在滑翔机上装发动机，实现动力飞行。不幸的是，他在 1896 年的一次滑翔中遇上狂风，机坠人亡。

苏格兰的年轻工程师派尔彻吸取了李林塔尔的经验，造出了"甲虫"式、"海鸥"式和"隼"式滑翔机，多次飞行成功。后于 1899 年驾驶"隼"式滑翔机时，遇到坏天气，滑翔机摔坏，他自己受了重伤，不久死去。

19 世纪最后十年，人们进行滑翔机实验的热情空前高涨。许多有名的科学家都投入这一实验，其中有发明速射机枪的马克沁爵士、发明涡轮蒸汽机的帕森斯、法国的阿德博士、美国的兰利教授等。然而他们的实验，都一个接一个失败了。人们得出的结论是：发明像鸟一样飞行的飞机，就像发明永动机一样，是永远不可能的事。

列奥纳多·达·芬奇

意大利文艺复兴三杰之一，也是整个欧洲文艺复兴时期最完美的代表。他是一位思想深邃，学识渊博，多才多艺的画家、寓言家、雕塑家、发明家、哲学家、音乐家、医学家、生物学家、地理学家、建筑工程师和军事工程师。他是一位天才，他一面热心于艺术创作和理论研究，研究如何用线条与立体造型去表现形体的各种问题；另一方面他也同时研究自然科学，为了真实感人的艺术形象，他广泛地研究与绘画有关的光学、数学、地质学、生物学等多种学科。他也是最早提出并实践飞行理论的探索者。他的艺术实践和科学探索精神对后代产生了重大而深远的影响。

早期的飞行器

飞行器的鼻祖——风筝

古书里还有关于用风筝载人飞上天空的记载。

风筝，也叫纸鸢或风鸢。它的制作方法很简单，人人会做，处处能做。制作纸鸢，不像制作木鸟那样，要费去墨子及其弟子的三年时间。人们利用休息时间做个风筝，在阳光明媚的日子里，把它放上天去，把自己对蓝天的向往，对飞鸟的羡慕，也都一起带上天去！

纸鸢做成后，再削竹为笛，绑在鸢身上。竹笛随着纸鸢升入高空，迎风发出呜呜的像筝一样的鸣声，所以叫风筝。

风筝的制作越来越大，技巧也越来越高明，于是，在历史上出现了风筝载人的记载。

事情发生在公元559年。当时，北齐的君主高洋是个非常残暴的统治者，常常拿人命当儿戏。他同姓元的大家族发生矛盾，先后杀了那个家族的成员721人，只剩下一个叫元黄头的人。但是，高洋还不甘心，为了杀害元黄头，他又想出一个新花招。他命令元黄头和许多囚犯一起集中在金凤台上，让他们乘着蓆做的风筝从台顶上往下"飞"。那金凤台据说高67丈，所有的囚犯一个个从台上"飞"下去，全摔死了；唯独那个元黄头却一直随风"飞"到城外，竟然安全地落了下来。后来，元黄头还是被高洋害死了，不过这我们且不去管它。从飞行的角度来看，这件事情值得重视。这是我国风筝载人的一次成功的飞行。可惜，风筝在统治阶级手里，或者当做玩具，或者竟然成为杀人的工具。

在战争里，利用风筝传递消息，像后世用鸽子传递消息一样，这在古书的记载里，也有一些例子。下面就是突出的一个。

四面体风筝，可以数数看有多少个四面体

781年，唐朝的一个节度使田悦发动武装叛乱。他亲自带兵围攻临洺（今河北永年东北）。临洺城的守将张伾率领士兵坚守了一个多月，城中粮食已经吃完，眼看支持不住了。那时候，唐政府派往救援的军队，已经进到临洺的外围，因为情况不明，一时没有向叛军发动攻击。张伾就写了一封告急的信，系在风筝上，放了出去。那风筝高高地飞过田悦驻军的上空。田悦看见了，命令善射的兵士用箭射击。由于风筝飞得高，目标小，射出去的箭都落空了。结果，前往救援的唐军获得了那只风筝，得到了情报。唐军立刻发动进攻，打败了叛军，解救了危城。那只风筝完成了任务，立下了战功。

2000多年前中国人发明的风筝，虽然不能真正把人带上太空，但它确实可以称为飞机的鼻祖。

1899年，俄国乌里杨宇上尉指挥的军用风筝队参加了演习。同一时期，俄军的涅日丹诺夫用风筝从空中拍摄了地形照片。

气球与热气球

回顾人们征服天空的历史，就不能忘了气球。气球在人类航空史上，占有非常重要的篇章。因为在飞机真正成为大众化空中运输工具以前，带动力的气球也就是飞艇，是人们唯一可以跨越地理空间的飞行运输工具。

热气球的发明是很早的，因为使用火是人类进化过程中最重要的大事，人们在使用火时发现，空气被火加热，就会变"轻"而上升，于是几经总结试验，终于发明了热气球。至于是谁、在什么时候发明了热气球，已经无从考查。但是热气球却一直流传了下来。现在，我国很多地方在举办庆祝活动时，仍然会制作一些"孔明灯"，也就是热气球来助兴。

200年前，人们就实现了热气球第一次载人飞行。热气球由球体、加热器、吊篮等组成。球体是不漏气的布匹制成的一个大气袋，下部为进气口，把鼓入球体中的空气用加热器加热膨胀，成为比空气比重小的热空气，产生浮力上升，带动载人吊篮升空。现在在体育、广告、摄影等方面仍大量使用热气球。在欧洲一些地方，每年举办的盛大热气球比赛，都会吸引很多人来凑热闹，成为当地的一大盛事。

据史料记载，1901～1902年间，已经有外国人在中国上海的张家花园（味莼里）作了载人气球飞行表演及跳伞表演，观众须买票观看。这是在中国人陆首次出现载人升空飞行。

如果在密封的气囊里面充着比空气轻的氢气、氦气等气体，气球一样可以飞上天，这就是气球，也有人叫"氢气球"，意思是比空气轻的气体做的气球。

1896年，在德国出现能在风中稳定飞行的椭圆形气球。这也是气球向飞艇发展过程中的又一过渡构型。

1901年7月31日，德国气象学家伯桑和苏瑞在乘气球飞行中创造10800米的高度纪录，并保持26年未被打破。

1901年9月24日，英国一位妇人在乘气球飞行时，提议成立联合王国航空俱乐部，当她着陆后立即着手注册登记。10月29日，该俱乐部正式成立。这是历史上最早的航空俱乐部。

1887年，中国天津武备堂进口了法军的一只旧气球，并由德籍教师修复后投入使用。这是中国军队首次进口飞行器。

1887年，天津武备堂教员华蘅芳自制的直径1.66米的氢气球放飞成功。此乃中国人自制的第一个现代氢气球，开创了近代中国人制造航空器之先河。

1887年8月上旬天津武备堂教习孙筱槎、参军姚某以及天津县知县卢本斋3人，在共同参考了外国气球后，改良制造出小型氢气球一具，在总办杨艺芳督导下试放到"十几丈高"，后因绳断而飞走。该氢气球用绸布做面子，

13

直径数尺。同年9月22日，在天津督署门前又演放过大型氢气球1具，小型氢气球3具，清政府大臣李鸿章亲临视察。其中大球飞上几十丈高，虽有大风却仍回收成功。此四球均为天津武备堂自制。

现代飞艇

飞艇同样是一个大气囊，但密封不开口，里面充着比空气轻的氢气、氦气等，所以也是靠空气浮力上升的。气囊下部为机舱，装有发动机、艇舵和螺旋桨，可以依靠自己带的发动机提供动力来飞行。在飞天发展的早期，主要充填氢气，大家都知道氢气是非常容易起火甚至爆炸的，在飞机技术成熟以后，飞艇曾经一度销声匿迹，被人们淡忘。20世纪70年代人们又重新想起这种节能的飞行器，开始制造现代气艇，材料改为高强度钛铝合金和化纤织物，自重减少，载量增加。大型汽艇可乘载数百旅客或成百吨货物，能连续飞行几周，航程可达数千千米。可用于水力发电机组、巨型火箭、原子反应堆的整体直接运输。可用于移动井架，吊装桥梁和大楼……飞艇这一古老的飞行器再创了辉煌。

现代军用飞艇

1872年，世界第一艘使用3.68千瓦内燃机作为动力的飞艇由保罗·海茵莱茵驾驶试飞成功。

1873年，法国生物学家、医生马雷用定时连续摄影，初步掌握了鸟类飞行中复杂的扑翼动作，使人类早期飞行探索中的扑翼机研制活动暂告结束，飞机研制自此不再考虑扑翼方案。

1873年10月6日，美国人多纳德逊、朗特和记者福特三人乘坐8500立方米的载人氢气球首次飞越大西洋成功。此前，他们曾于9月19日从美国纽

人类飞行的故事

卡南起飞作过第一次尝试，但遭到失败。

1875 年，俄国的门捷列夫设计了带气密座舱的同温层载人气球图纸。

1877 年，美国人为纪念气球在田纳西州纳什维尔携带邮件飞行，发行了世界邮政史上第一套航空纪念邮票。

1883 年，法国人齐桑忌耶兄弟研制的用 11 千瓦电动机驱动的 1060 立方米气球飞行成功，平飞速度达 4 米/秒。这同样属于对飞艇原始形式的一种探索。

1884 年 8 月 9 日，法国人试飞了由电动机驱动的"法兰西"号全向操纵型飞艇。列纳尔上尉在当天的试验中，飞行 4200 米后又成功地返回起飞点，从而结束了人类飞行一直要受风摆布的历史。"法兰西"号飞艇直径 8.5 米，长 51.8 米，航速 19.3 千米/小时，电动机功率 6.6 千瓦（9 马力），它驱动一个直径 9 米的拉进式螺旋桨。它被认为是最早飞行成功的一艘飞艇。

1898 年 11 月 13 日，旅法巴西人杜蒙用汽车内燃机装于飞艇试飞。这是汽油发动机最早用于飞艇。

1899 年，旅澳华侨谢钻泰设计出铝壳结构、电机推进的"中国"号飞艇图纸，这是由中国人首次设计的有动力飞行器。1900 年 7 月 2 日，德国的齐伯林伯爵经 6 年努力，在包金斯基附近的工厂里制成他的第一艘充氢硬式飞艇，并在菲特烈港附近试飞成功（可载 1 名乘员和 5 名乘客），飞行时间 20 分钟。该艇型号为 LZ－1，直径 11.73 米，长 127 米，用防水布组成 17 个气囊，容积 11300 立方米，升力 13000 千克。它是齐伯林在 1918 年前研制出的 113 艘飞艇中的第一艘。在 20 世纪 20 年代以前，齐伯林飞艇几乎主宰了大半个世界的天空。但是，由于齐伯林飞艇里面是很容易燃烧的氢气，所以飞行安全就成为导致飞艇最终被飞机挤出航空市场主流的因素之一。

1901 年 10 月 19 日，旅法巴西人杜蒙的 6 号橡皮飞艇从巴黎郊区桑克尔山出发，实现了绕巴黎埃菲尔铁塔一周的壮举，因此获奖金 15 万法郎。他用实际行动向世人证明，飞行器已完全能够按人的意志自由飞行，在航空发展史上留下了精彩的一页！此次飞行距离 11 千米，飞行时间 30 分钟。

1902 年，法国人列保吉制成世界上最早的半硬式飞艇，其功率 29.4 千瓦，时速可达 36 千米。

1903 年，热心的航空探索者、旅法巴西人杜蒙因驾驶他的 9 号飞艇成功地降落在友人依莱塞斯的住宅庭院前，并走下来喝咖啡小息，而使这种飞行器真正成为可供私人利用的空中交通工具，它甚至可用于森林上空的散步。这次有趣的飞行经历，充分显示了飞行器已对于人们的日常生活产生了巨大的魅力。

 知识点

飞 艇

是一种轻于空气的航空器，它与气球最大的区别在于具有推进和控制飞行状态的装置。飞艇由巨大的流线型艇体、位于艇体下面的吊舱、起稳定控制作用的尾面和推进装置组成。艇体的气囊内充以密度比空气小的浮升气体（氢气或氦气）借以产生浮力使飞艇升空。吊舱供人员乘坐和装载货物。尾面用来控制和保持航向、俯仰的稳定。

飞艇可分为三种类型：硬式飞艇、半硬式飞艇和软式飞艇。硬式飞艇是由其内部骨架（金属或木材等制成）保持形状和刚性的飞艇，外表覆盖着蒙皮，骨架内部则装有许多为飞艇提供升力的充满气体的独立气囊。半硬式飞艇要保持其形状主要是通过气囊中的气体压力，另外部分也要依靠刚性骨架。20 世纪 20 年代，一艘意大利制造的半硬式飞艇从挪威前往阿拉斯加的途中穿过了北极点，这是人类历史上第一架到达北极点的飞行器。

飞机诞生

人类征服天空的历史，就是不断探索、在失败基础上不断努力的历史。所以，对于年轻人来说，永远保持探索精神，是人类生命意义的象征。直到今天，我们在飞机的发展上已经取得了 100 多年以前人们幻想都想不到的成就，然而，人类至今也没有停止继续探索飞行奥秘的脚步。

1874 年，法国海军军官克鲁瓦研制的载人飞机，在布雷斯特由一位年轻水手操纵，从山坡上往下助跑起飞，作了最早的短距离"跳跃飞行"（即因升力不足形成的非持续性离地飞行，所以一概不视为成功的飞行）。该机由一台蒸汽机驱动，单层机翼，已经设计有平尾及方向舵等部件。

1876 年，俄国的"飞机之父"、海军军官亚历山大·菲德罗维奇·莫扎伊斯基的飞机模型载着他的那柄佩剑，公开作了稳定飞行表演。1881 年，莫扎伊斯基在俄国获得"飞行机"设计专利。1882 年夏季，莫扎伊斯基发明的飞机由戈卢别夫驾驶，在彼得堡市郊的练兵场上，沿一个设置在斜坡上的导轨向下滑动助跑，进行了又一次著名的飞机飞行尝试，但只跳跃了几次，并未持续离开地面自由飞行。所以除前苏联之外，不被认为是一次成功的载人动力飞行。该机翼展 12.2 米，全重 943 千克，拥有 21.1 千瓦英国制蒸汽机 2 台。

1875 年，英国人托马斯·莫伊的一架 54.5 千克重的以蒸汽机驱动的串翼（前后翼）飞机，在地面环形滑轨上不载人离地 0.152 米飞过一段距离。该机名为"空中汽船"。1877 年，罗什提出用动态系统稳定性分析的著名理论，为飞机的稳定性研究建立了最早的理论基础。

1886 年开始，法国电话工程师阿代尔先后研制过四架不同的蝙蝠形飞机，其中第一架"阿维昂-1 号"翼展 6 米，装有 14.7 千瓦蒸汽发动机 2 台，可惜在试飞中撞上了障碍物，造成发动机破损。1889 年，"阿维昂-4 号"在试飞中只离地跳跃了几下。直到 1890 年 10 月 9 日，他驾驶一架"伊奥利"号蒸汽动力单翼机，才首次在阿尔曼维利耶林苑平地上，依靠自身动力水平起飞成功，并短暂地向前"跃飞"了一段距离（一说 50 米）。因为仍然不属于水平持续飞行，与发明人类第一架飞机之殊荣失之交臂。但阿代尔依然是航空史上一位著名的先驱人物。

1891 年，美国航空先驱者兰利教授在华盛顿出版了《空气动力学试验》。他在连续试验了 80 余个飞机模型之后，终于在 1896 年 5 月 6 日试飞了第一架采用0.735千瓦蒸汽发动机作为驱动的串翼布局飞机模型,该机的螺旋桨直径1.2米,转速1200转/分钟,翼展4.3米。经弹射起飞后可飞出1600米远。1898年,他得到政府50000美元的资助,于是投入到载人飞机的研制中去。

1891年,德国航空开拓者李林塔尔发表了《鸟类的飞行—航空的基础》一文并正式开始研究滑翔飞行。他每次飞行一般为半分钟,滑翔距离在200~300米。1894年,他用改进后的滑翔机从山坡上跳下,竟然滑翔了350米远,获得巨大的成功。1896年8月9日,李林塔尔在试飞中受伤,于次日去世。在6年中间,他坚持进行滑翔实验达2000余次,先后使用过18架滑翔机,其中12种是单翼机。李林塔尔是人类早期探索飞行史上极具影响力的人物,并为后人发明飞机积累了宝贵的经验。

1892年,俄国航空学者茹科夫斯基的《论鸟类的飞行》一文发表,分析了鸟与飞机飞行的理论抛物线,并预言了空中翻筋斗飞行的可能性。

1893年,英国人菲利浦制成由50块弯板组成的独特的"百叶窗型"飞机,名为"威尼斯百叶窗"。飞机翼展5.7(一说6.7)米,翼弦长仅0.038米,全重150千克,装4.1千瓦发动机1台。在用沙袋代替人体试飞时,飞行距离达到4.5~75米,飞行高度0.3~1米,但仍然属于不成熟的"跳跃飞行"。菲利浦为了给飞机选择翼型,用风洞找到9种上凸下凹的翼型方案,是曲面翼型理论的倡导者。

1893年,澳大利亚人哈格里夫为美国气象局建立了17个风筝气象站,并使用他发明的箱式风筝,直至1933年。这种结构后来广泛用于双翼飞机的机翼设计。

1894年7月31日,旅英美国人、机关枪发明人马克辛姆研制了一架四座大型飞机,在600米长的铁轨上作了"受升力限制"的(不载人)滑行,测出升力有5000千克。该机翼展31.7米,翼面积511平方米,机长44米,全高10米,采用132千瓦蒸汽机2台,净重2268千克、总重3629千克,采用多张线布局。由于试飞时仅离地跳跃前进,并且掀翻了导轨,所以还没有达到可以载人飞行的程度。

1896年5月,美国人兰利经5年试验后,他的第五和第六号动力模型飞行成功。两个模型都飞到 20 米高，而且飞了 3 圈，距离 760 多米。11 月 28 日，在又一次试飞中，飞行时间长达 1 分 45 秒，距离 1800 米。这是重于空气的（无人）飞行器首次用自身动力作了持续而稳定的飞行。

1896 年，美国土木工程师、滑翔飞行者查纽特开始试飞自己的滑翔机。第二年，其最大飘飞距离可达 120 米。他的滑翔机的构型是早期滑翔飞行器中最先进的。查纽特曾于 1894 年出版了《飞行机器的发展》一书，这是历史上第一部航空史著作。

1896～1897 年，美国人夏尼特自行设计并试飞了滑翔机，试飞次数多达 1000 次。1898 年，其助手赫林加装了压缩空气发动机，改成一架双翼机，但没有飞行成功。

1897 年，俄罗斯航空先驱人物齐奥尔科夫斯基建成俄国第一个风洞。1902 年，俄国圣彼得堡大学建成全俄第一个属于官方使用的风洞。1897 年，美国人卡帕特森设计出带侧板的气垫飞行器，被认为是现代侧壁式气垫飞行器之父。1897 年 10 月 14 日，法国航空先驱人物阿代尔的双螺旋桨 3 号飞机在巴黎郊外跑马场上的滑跑中，曾在 300 米距离内数次"跃离地面"，作了断断续续地飘飞。由于他的飞机一直没能研制成功，军方撤销了对他的资助。

1901 年，美国的莱特兄弟制成一座风洞，用双缸煤气机进行抽风，以实现吹风实验。其模型实验段的横截面达到 103 平方厘米，长 2.4 米，为莱特兄弟后来研制和发明飞机提供了有效的空气动力实验手段。

1901 年，中国最早专门介绍飞机的文章《飞机考》被收编在《皇朝经济文编》中。这是中国人撰写的第一篇研究航空和飞机的文章。

1901 年 8 月 14 日清晨，旅美巴西人怀特海德经多年努力，驾驶自制的单翼飞机在美国布里奇波特海滩试飞成功，据称飞行距离达 800 米，高度 16 米。该飞机造型呈蝶形，翼展 10.7 米，长 4.9 米，有双座封闭机身，采用 15.7 千瓦乙炔发生器动力 2 台。韦斯科普夫虽早于莱特兄弟首次飞行二年，但因缺乏见证，未获世界公认。

1901 年 10 月 7 日，由美国航空先驱者兰利研制的第一种采用汽油内燃机为动力的"空中旅行者"全尺寸载人飞机开始试飞，但是到 12 月 8 日，他的这架飞机还是没有飞上天空，美国政府因此终止了对他的经济援助。

1902年1月17日，据旅美巴西人怀特海德称：他的"22型"飞机在美国长滩海湾滑行20米后，离地升空飞行3000米后才降落在海面。后一次试飞竟飞过11200米，升高135米。但此项纪录未获见证和国际承认。成为后人有争议的一个历史研究话题。

1903年，中国开始出现航空题材的科幻小说，如明权社的《空中飞艇》和进行社出版的鲁迅大作《月界旅行》等等。西方世界的飞行探索已经引起中国人的关注。

1903年3月23日，美国的莱特兄弟向政府申请飞机设计专利，该飞机设计基于他们的第三号滑翔机。不久，由他们建立的美国的第一家飞机工场在俄亥俄州的代顿注册。

1903年12月17日，莱特兄弟驾驶他们制造的飞机进行首次持续的、有动力的、可操纵的飞行

1903年12月17日上午10时35分，德裔美国人、自行车修造匠威尔伯·莱特和奥维尔·莱特兄弟在美国北卡罗来纳州基蒂霍克一处叫做"斩魔山"的小山坡上，以重物下落形成的引牵力，将自制飞机"飞行者"号推离地面，进行了被世人公认的人类首次有动力飞机载人飞行。人类从此有了飞机。当时的首飞驾驶者为奥维尔·莱特。他在12秒的时间内飞出36.58米远，当时的目击者有6人，并拍下照片作证。当日共飞行了4次，最佳飞行

成绩为：续航时间 59 秒，飞行距离 260 米，飞行高度 3.8 米，速度 48 千米/小时。该机采用双层机翼鸭式气动布局，一台 8820 瓦的内燃机通过 2 副自行车链条带动 2 副空气螺旋桨。而飞行员则俯卧在下层机翼上操纵飞机飞行。飞机的翼展为 12.29 米，自重 274 千克。莱特兄弟与他们的"飞行者"号飞机就此名垂青史。他们因此于 1909 年获得美国国会荣誉奖。同年，他们创办了"莱特飞机公司"。这是人类在飞机发展的历史上取得的巨大成功。初期的飞机都使用的是单台发动机，在飞行中，常常会出现发动机突然关车的故障。这对飞行安全始终是个威胁。

飞机发明权之争

人类终于进入航空时代，这个时代是莱特兄弟开辟的。

但是，围绕着莱特兄弟是不是最早发明飞机，还有一段很少被人知道的趣闻。

1948 年前，在美国航空博物馆中心位置，停着一架样子古怪的飞机，它的名字叫"机场"。这架飞机有两副机翼，两副螺旋桨。螺旋桨叶片尖尖的，令人毛骨悚然。飞机上贴着醒目的标签，上面写着："这是能够载人飞行的世界上第一架飞机。"这架飞机并不是莱特兄弟的"飞行者"号飞机，这架飞机怎么成了世界第一呢？

原来，这架飞机的主人是美国著名的天文学家兰利制造的。19 世纪 80 年代，兰利对飞行发生了兴趣。他建造了风洞，对鸟翼标本和飞机模型进行了实验分析，编写了《机械飞行的故事》、《空气动力学的试验》等著作。1891 年，他把注意力转移到蒸汽驱动的模型飞机上，制作了双翼动力金属模型飞机。

1896 年 5 月 6 日出现了航空史上一个激动人心的创举，兰利教授在波托马克河上的一艘游艇上，把一架 4 千克重的蒸汽动力飞机模型放上了天。模型飞机在天空依靠蒸汽动力飞行了半英里。

模型飞机试飞成功，轰动了整个美国科技界。而兰利自感年事已高，准备急流勇退，放弃继续进行空中试验。不料，这个消息传到政府高层那里，美国总统决定，如果兰利教授愿意制造一架可用于军事用途的飞机，政府将提供所需资金，并命令陆军总部承办此事。兰利只好答应，美国陆军拿出5万美金作为兰利的研究试验费用。

1901年，兰利制出了一架小型样机，里面装1台小型发动机。1903年，他又制成了一架载人飞机，翼展14.6米、装1台轻型大马力的汽油发动机。兰利将它命名为"机场"。

1903年12月8日，在华盛顿附近的波托马克河上，兰利把飞机置于船的平顶上，由他的助手曼雷驾驶。这架飞机刚离开发射台，就一头栽到水里，曼雷差一点被淹死。当时，前来观看飞机试飞的有政府官员、军方代表、各报社记者、科学家和市民。试飞失败，使所有的人大失所望。有的科学家哀叹：应该给机械飞行不可能的结论画上句号。有的为兰利教授惋惜，教授一生有很多贡献，最后栽在航空事业上。不少市民责问政府，资助这种不可能实现的幻想，是在荒唐地浪费纳税人的金钱。在一片反对声中，政府撤回了对兰利教授的支持。兰利对飞机试飞失败十分懊丧。他已年届古稀，韶华流逝，既没有精力来修改飞机的设计，更没有资金来继续飞行试验。他受到人们的嘲笑后，不久便无声无息地去世了。

兰利当时是国立的斯密森学会的会长，是科学界的代表人物。不久莱特兄弟的飞机试飞成功为世人皆知，人们热烈欢呼他们发明了飞机。这时，许多科学家心里很不服气，说："荣誉被两个自行车制造者夺走了。"特别是继兰利之后担任斯密森学会会长的查理·沃尔科特更是愤愤不平，上任之后就想方设法为上届会长恢复名誉，为学会挽回面子。

机会终于出现了。1914年，莱特兄弟的对手、著名飞行家格伦·柯蒂斯向斯密森学会提出要修复兰利飞机的机体，并检验一下是否真的不能起飞。

柯蒂斯为什么要修复兰利的飞机呢？原来，柯蒂斯是项庄舞剑，意在沛公，他是有阴谋的。

柯蒂斯1878年生于美国纽约，他和莱特兄弟一样，开设过自行车商店，也是一名出色的自行车设计师。原来制造过摩托车、飞艇和飞机。他驾驶飞机，两次取得"科学的美国人"竞赛的胜利。1909年，在法国兰斯国际飞机竞赛大会上，他驾驶的"金龟子"双翼机飞得最快，时速达 76 千米。1910 年他从美国奥尔巴尼飞到纽约，飞行 2 小时 46 分，航程 245 千米，赢得 1 万美元的奖金。1911 年他驾驶自己制造的水上飞机，分段飞越大西洋成功。这时，柯蒂斯已成为莱特兄弟难以对付的竞争对手。

柯蒂斯虽是出色飞行员，但与莱特兄弟有直接的利害冲突。1902 年，莱特兄弟受到老鹰转弯时翅膀末端上下变化的启示，为滑翔机设计了辅助翼。1903 年，他们申请了辅助翼原理的专利，英、法两国于 1904 年、美国于 1906 年予以认可。柯蒂斯在飞行实践中，也给自己飞机制作了辅助翼。围绕辅助翼的专利权问题，他同莱特兄弟进行了争夺，并打了官司。法院判柯蒂斯败诉，专利权应归莱特兄弟所有。

柯蒂斯不服法院的判决，他毫不气馁，将自己辅助翼的设计改头换面后，重新向莱特兄弟提出挑战。同时积极活动，影响法官的看法。他的如意算盘是，如果能证明兰利飞机确实能飞，那么就证明莱特兄弟的功绩和技术并不是空前绝后的。这时审判官也就不会只听莱特兄弟的一面之词了，辅助翼的专利自己就能得到。

斯密森学会没有料到柯蒂斯这种企图，他们只想为兰利教授恢复荣誉。于是非常乐意地接受了柯蒂斯的请求，并慷慨地支付了 2000 美元的试验费。

经验丰富的柯蒂斯很快就找出了兰利飞机没有飞起来的缘故：飞机的起飞方式错误，马达的功率不足，机翼产生的升力不大，螺旋桨的推力太小，飞机在空中操作性能差等。柯蒂斯偷偷地对兰利飞机进行了改造。他换了发动机，加了两个浮筒……。

1914 年 5 月，在纽约州哈蒙兹港附近的古卡湖进行了一次飞行试验。这架改造过了的飞机终于凭借自身的动力，多次飞离水面，飞离水面的最长时间有 5 秒钟。

斯密森学会得到试飞成功的消息，喜出望外。会长沃尔科特更是兴奋不已。在 1914 年年度报告中，斯密森学会郑重声明："这个试验证明，兰利飞机是世界上第一架能飞行的飞机！"

其实，莱特兄弟早在 1903 年就研究过兰利飞机的外形和结构，那时他们就得出结论，它是绝对飞不起来的。所以，奥维尔·莱特（威尔伯已于1912年去世）对试验的意外成功和斯密森学会的声明十分震惊。他断定，其中一定有诈。

奥维尔设法弄来了1903年兰利发表的关于机体的数据，把它与1914年斯密森学会发表的数据加以对照。他发现，柯蒂斯"复原"的飞机，除了外形与原来的飞机一模一样，其他部分都与原来的不同。柯蒂斯已对兰利飞机作了大幅度修正，改动的地方竟多达35处。机体加大了，马达的功率增加了，螺旋桨去掉尖头部分，增加了两个浮筒，甚至还令人吃惊地装上了莱特兄弟专利中所包括的辅助翼。这架被柯蒂斯"复原"的飞机，实际上是与兰利飞机截然不同的另一种飞机，它的稳定性、升力和易于操纵性空前提高了，再由柯蒂斯这样的高手来驾驶，飞不起来才怪呢！

奥维尔十分气愤，他向斯密森学会指出这些数据，强烈要求取消不久前的错误声明。

然而令人吃惊的是，斯密森学会我行我素，拒不承认错误，坚持说柯蒂斯的试飞没有假，修复的就是原来兰利的飞机。并且辩解说，即便机体有所改动，那也是微不足道的，不会影响试验的结果。

奥维尔毫不畏惧，继续提出抗议。斯密森学会也寸步不让，从1915年到1918年，每年都在年度报告中重申兰利飞机的功绩，反驳奥维尔·莱特的抗议。

奥维尔在和斯密森学会的斗争中，一直处于不利地位。斯密森学会是全国性的学术机构，代表着美国科技界。莱特兄弟虽然在欧洲很有影响，在美国也小有名气，但人们还是相信斯密森学会的报告。

更有甚者，斯密森学会还把飞机改装成1903年时的样子，去掉两个浮筒，把螺旋桨的叶片换成尖端的……然后贴上"世界第一架飞机"的标签，堂而皇之地放进航空博物馆的大厅向人们展出。以告诉人们，是兰利教授最先发明飞机，莱特兄弟随后才发明。

"卑鄙！无耻！"奥维尔发怒了。"混淆黑白，颠倒历史！"奥维尔猛烈抨击斯密森学会。

斯密森学会对奥维尔的抗议和抨击置之不理。奥维尔无可奈何，只好拒绝航空博物馆展出"飞行者"号飞机。

英国伦敦科学博物馆得知莱特飞机没有收入美国航空博物馆中，迫不及待地给奥维尔发了一份电报：

> 尊敬的奥维尔·莱特先生：
> 敝馆如能展出你们兄弟俩的飞机，将感到十分荣幸。

此时，莱特飞机的机体放在麻省理工学院的仓库里，上面落满了灰尘。奥维尔想尽可能给自己的飞机加上正确的说明在美国展出，因为自己毕竟是美国人，祖国是生他养他的地方。所以，奥维尔没有接受伦敦科学博物馆的要求。但斯密森学会依然顽固地坚持自己的看法，根本听不进奥维尔的意见。

奥维尔耐心等待斯密森学会改变主意。等了一年又一年，斯密森学会还是没有任何表示。伦敦博物馆来了一封又一封的信，催着要展出莱特飞机。等到1928年，奥维尔终于绝望了：自己心爱的飞机已不可能在本国展出了，与其让它沾满灰尘，不如送到英国去，让世界人民记住人类征服蓝天的历程。

奥维尔经过一番激烈的思想斗争，终于答应了伦敦科学博物馆的请求，他含着泪把飞机送到了英国。

英国伦敦科学博物馆，每天都有成千上万的人来到莱特飞机旁，了解人类是怎样开辟航空时代的。当年在欧洲观看过莱特兄弟飞行表演的人，还回忆起莱特兄弟的丰功伟绩。

前往英国参观的美国人意外地看到本国引为自豪的莱特飞机，都惊呆了。当得知莱特兄弟受到不公正对待和飞机不能在本国展出的原因后，又从惊奇转变为愤怒。

"这是国耻！运回美国去！"的呼声高涨了起来。有人甚至向国会提出了进行调查，以便确定是莱特飞机早还是兰利飞机早的议案。

但斯密森学会自恃是国立机构，仍然一意孤行，对群众呼声充耳不闻。这种情况直到沃尔科特卸任才有了改观。

继沃尔科特担任斯密森学会会长的查理·阿博特是位善采众意的开明的

科学家。他想方设法改善同奥维尔·莱特恶化到极点的关系。他上任不久，就重新组织委员会，认真调查 1914 年的试验真相。

调查委员会由飞行专家和技术人员组成。不久，调查结果出来了，和奥维尔的说法一样，兰利飞机复原时做了大幅度修改。专家们认为，兰利飞机在未改动之前，不能称为真正的实用飞机，而莱特飞机才是当之无愧的世界上第一架由人驾驶的动力飞机。

1942 年，斯密森学会发表了这次调查结果，撤销了 28 年前的声明，同时发表声明向莱特兄弟表示道歉。

奥维尔激动地读着斯密森学会的声明，热泪盈眶。现在终于恢复了名誉，恢复了航空史的本来面目，虽然它来得晚了些，但毕竟是来了。

奥维尔为斯密森学会的真诚、坦率所感动。他表示谅解，许诺把心爱的飞机运回美国。

这时，第二次世界大战正打得激烈，运回莱特飞机的事就被耽搁了下来。幸运的是，德国法西斯空军轰炸英伦三岛时，莱特飞机躲过了灾难，完好无损。

年已古稀的奥维尔整天盼望着自己的飞机能早点运回来，盼望着自己的双手能再摸一摸这架把自己送上蓝天——不，是把人类送上蓝天的飞机。他盼望着，盼望着……

1948 年，历经磨难的莱特飞机终于运回祖国，迎接它的，已不是奥维尔·莱特了，而是成千上万的青年、学生、

早期飞机的外观

科学家。奥维尔已不在人世了，他刚刚去世不久。

如今，莱特飞机在美国航空和宇航博物馆（原名航空博物馆）的大厅里展出。人们要了解蓝天是怎么被征服的，航空时代从什么时候开始，都要到

这里来了解莱特兄弟的功绩。莱特兄弟——威尔伯·莱特和奥维尔·莱特如果地下有灵，定会感到欣慰的。

于是，当莱特兄弟终于把他们制造的机器大鸟送到空中后，新的竞赛开始了……

1909 年，路易斯·布雷里奥（Louis Bleriot）穿越英吉利海峡的飞行让整个欧洲激动不已。人们的热情被极大地激发了出来。

于是，法国兰斯市以及香槟地区的葡萄酒商们决定举办为期一周的航空展以及竞赛。他们为竞赛设立了大笔的奖金，其中最著名的当属"飞行国际杯"。该项竞赛的奖杯以其赞助商——著名美国出版商詹姆斯·戈登·贝纳特，《纽约先驱论坛》和《巴黎先驱论坛》的发行人——的名字命名为"戈登·贝纳特杯"。

从 8 月 22 日到 29 日，赛会将整个欧洲的精华吸引到兰斯郊外的 Betheny 平原上，从皇室和将军到大使和富翁。其规模之巨大，气氛之典雅，让同时期乃至以后的其他航展相形见绌。

戈登·贝纳特杯

 知识点

康斯坦丁·爱德华多维奇·齐奥尔科夫斯基

1857.9.5—1935.9.19 俄国和苏联科学家，现代航天学和火箭理论的奠基人。1857 年 9 月 5 日生于俄国伊热夫斯科耶镇（今属梁赞州）。童年因听觉几乎完全丧失辍学，14 岁以后主要靠自学，读完中学和大学数理课程。1880 年开始在卡卢加省博罗夫斯克县立学校任教并开始研究工作。研究课题有：金属气球（飞艇）、流线型飞机、气垫火车和星际火箭的基本原理等。

1903 年发表了世界上第一部喷气运动理论著作《利用喷气工具研究宇宙空间》，提出了液体推进剂火箭的构思和原理图，并推导出在不考虑空气动力和地球引力的理想情况下，计算火箭在发动机工作期间获得速度增量的公式，为研究火箭和液体火箭发动机奠定了理论基础。

冯如——中国飞机先驱

冯如，广东恩平人，我国从事飞机研制、设计、制造和飞行的第一人，被美国报纸称为"东方莱特"。他当年驾驶的"冯如一号"是中国人自行设计、研制、生产的第一架飞机，揭开了我国载人动力飞行史的第一页。以冯如试飞载人飞机为标志，我国航空事业至今已走过一百多年的沧桑历程。

1909 年 9 月 21 日，旅美华人冯如驾驶着由他设计、制造的"冯如一号"飞机，完成了属于中国人的首次载人动力飞行，中华民族也由此开启了中国航空史的元年。2009 年 5 月 25 日，中央军委委员、空军司令员许其亮提出，冠名冯如为"中国航空之父"当之无愧。中国是一个正在和平发展的大国，纪念冯如，对振奋民族精神，激发全社会关注空天领域建设发展的热情有着积极的意义。

1909 年 9 月 21 日，冯如驾驶着由他设计制造的"冯如一号"飞机，在美国加利福尼亚州的奥克兰市南郊完成了属于中国人的首次载人动力飞行。他的这次飞行，距莱特兄弟开创人类首次载人动力飞行仅仅晚了不到六年。1912 年冯如因飞行事故牺牲，享年仅 29 岁。短暂的生命，却给中国的天空留下闪电般的光亮。他不仅是我国航空史上第一个飞机设计家、第一个飞机制造家、第一个飞行家、第一个飞机制造企业家、第一个革命军飞机长，还是第一个认识飞机有战略价值的人。冯如以其短暂的一生，做出了非凡的伟业，他的精神品格，至今感召、启迪着后人。

他研制成功的飞机，是第一架无外国人指导而完成的载人动力飞机。据史料记载，他的飞机汲取了当时比较先进的"莱特型"飞机的优点，在机翼、起落架、机体结构等方面，作了许多独特的改进，最终成就了当时世界上独一无二的"冯如型"飞机。他第一次飞行的高度、距离都超过了莱特兄弟的首次飞行，其飞行水平堪称当时世界一流。

1912年8月25日，在国内作飞行表演时，冯如因飞机操纵系统失灵，失事牺牲。弥留之际，他仍支撑着把失事原因告诉助手，并勉励他们"勿因吾毙而阻其进取心，须知此为必有之阶级"。

冯如提出了一系列航空强国思想，认为"吾军用利器，莫飞机若"，"倘得千百只飞机分守中国港口，内地可保无虞。"空军专家董文先说："外国人称冯如为'东方莱特'，我认为他还是'东方杜黑'。"冯如虽然比杜黑晚出生几年，但两人同时期对航空发展前景有着近乎相同的敏锐观察和对飞机价值的深刻认识，这样的远见卓识，十分难能可贵。

中国工程院院士、国内著名航空动力学专家刘大响，从技术的角度分析了冯如当时的创举。他说："冯如研制飞机比莱特兄弟晚了几年，但他并没有因为起步较晚就完全依赖于简单的仿制，也没有采用相对较成熟的双翼机结构，而是瞄准当时比较先进的单翼机结构。事实证明，这个选择符合飞行器技术发展的趋势，也为冯如后来的成功奠定了坚实的基础。"刘大响院士说，创新精神是"冯如精神"中对当今社会最具现实意义，最应被传承、倡导和发扬的精神之一。

飞机发展史的几个主要里程碑

初期的飞机都使用的是单台发动机，在飞行中，常常会出现发动机突然关车的故障。这对飞行安全始终是个威胁。1911年，英国的肖特兄弟申请了多台发动机设计的专利。他们的双发动机系统，能使每一个飞行员都不用担心因发动机停车而使飞机下降。这在航空安全方面是一个重大的进展。人们把按照肖特专利制造的第一架飞机称为"3·2"型飞机。这个名字告诉人们，这种飞机装有3副螺旋桨，2台发动机。这种飞机还装有两套飞行操纵机构，因此，两名驾驶员都能操纵飞机而不必换座位。

1927 年至 1932 年中，座舱仪表和领航设备的研制取得进展，陀螺技术应用到飞行仪表上。这个装在万向支架上的旋转飞轮能够在空间保持定向，于是成为引导驾驶员能在黑暗中、雨雪天中飞行的各种导航仪表的基础。这时飞机中就出现了人工地平仪，它能向飞行员指示飞机所处的飞行高度；陀螺磁罗盘指示器，在罗盘上刻有度数，可随时显示出航向的变化；地磁感应罗盘，它不受飞机上常常带有的大量铁质东西的影响，也不受振动和地球磁场的影响。这些仪表以灵敏度高、能测出离地 30 多米的高度表和显示飞机转弯角速度的转弯侧滑仪，此外还有指示空中航线的无线电波束，都是用来引导驾驶员通过模糊不清的大气层时的手段。

飞行仿真器又称飞行模拟器，它是一种可以在地面模仿飞机飞行状态的器具。1930 年，美国人埃德温·林克发明了第一个飞行仿真器，并且以自己名字命名为"林克练习器"，尽管它存在着技术上的缺陷，但它已经体现了不使用真实飞机就能安全、经济地反复进行紧急状态动作训练的优点。如今现在的飞机模拟器已经由计算机、模拟驾驶舱、运动系统、操纵负载系统和视景系统等组成。是现代航空科研、教学、试验等不能缺少的技术设备。

1910 年 12 月 10 日，在法国巴黎展览会上，有一架飞机在表演时坠毁。驾驶员被抛出燃烧的机舱。但是，这架飞机却引起人们很大关注。因为它使用的一台新型发动机。设计者就是飞机驾驶员本人，他是罗马尼亚人，名叫亨利·科安达，毕业于法国高等技术学校。他设计的发动机是用一台 36750 瓦的发动机，使风扇向后推动空气，同时增设一个加力燃烧室，使燃气在尾喷管中充分膨胀，以此来增大反推力。这就是最早的喷气发动机。

20 世纪 30 年代后期，活塞驱动的螺旋桨飞机的最大平飞时速已达到 700 千米，俯冲时已接近音速。音障的问题日益突出。苏、英、美、德、意等国大力开展了喷气发动机的研究工作。德国设计师，奥安在新型发动机研制上最早取得成功。1934 年奥安获得离心型涡轮喷气发动机专利。1939 年 8 月 27 日奥安使用他的发动机制成 He－178 喷气式飞机。

喷气发动机研制出之后，科学家们就进一步让飞机进行突破音障的飞行，经过 10 多年之后这项工作终于被美国人完成了。

1947 年 10 月 14 日在美国加利福尼亚州的桑格菲尔地区，贝尔公司试飞能冲破音障的飞机。上午 10 时，一架巨大的 B－29 轰炸机，在机舱下悬挂着一架造型奇特、好像"带翅膀的子弹"的小飞机起飞了。这架小飞机就是在航空史上最著名的名为 X－1 的火箭飞机。X－1 飞机装有 4 台火箭发动机，总推力 2700 千克，使用的燃料是危险的液氢和酒精。当它被 B－29 轰炸机投放了的时候，X－1 的 4 台火箭发动机相继点火，声如雷鸣。当飞机发动机启动 1 分 28 秒后，马赫数达到了人类航空史上的新纪录——1.0，飞机达到了音速。这时，X－1 飞机的燃料几乎用尽，速度变得更快，达到马赫数 1.06，这时的高度是 13000 米。尽管试飞成功，但由于 X－1 飞机不是靠自身的动力起飞升空，这个纪录没有被承认。但是，由此人们实现了跨越音障的梦想，人类航空史从此进入了跨音速时代。

 知识点

单翼机

仅有一个主机翼的飞机为现代飞机的主要形式。按是否带有撑杆，单翼机可分为带撑杆的单翼机和不带撑杆的张臂式单翼机。应用最广泛的是张臂式单翼机，张臂式单翼机通常简称为单翼机。按机翼相对于机身上下位置的不同，张臂式单翼机又可分为上单翼飞机、中单翼飞机和下单翼飞机。

人类飞行的故事

民用飞机一览

MINYONG FEIJI YILAN

当初发明飞行机器的时候，莱特兄弟肯定不是为了战争，而是为了让普通人能够领略鸟儿的感觉。因此，民用才是飞机真正的归宿。幸好，和平年代的飞机是人类的帮手，而不是武器。由于飞机，世界变小了，人类环球旅行的时间大大缩短了。如今在不到一天的时间里，人们就可以飞到地球的各个角落，这对于生活在20世纪以前的人类来说，绝对是一个人间奇迹。

错综复杂的空中航线把世界各国连接起来，为人们提供了既方便又迅速的客运。从此，险峻的高山、一望无际的大洋再不会让人望而生畏。一只只银燕把不同地区的不同种族、不同肤色的人们紧密地联系起来。

概　述

飞机的发明，深刻地改变和影响着人们的生活，飞机日益成为现代社会不可缺少的运载工具。由于发明了飞机，人们出外旅行的时间大大缩短了。

世界上第一次环球旅行是 16 世纪完成的。当时，葡萄牙人麦哲伦率领一支船队从西班牙出发，足足用了 3 年时间，才穿越大西洋、太平洋、环绕地球一周，回到西班牙。

19 世纪末，一个法国人乘火车环球旅行一周，也花费了 43 天的时间。

飞机发明以后的 1949 年，一架 B—50 型轰炸机，经过 4 次空中加油，仅仅用了 94 个小时，便绕地球一周，飞行 37700 千米。在超音速飞机问世以后，人们飞得更高、更快了。1979 年，英国人普斯贝特只用 14 个小时零 6 分钟，就飞行 36900 千米，环绕地球一周。在不到一天的时间里，就可以飞到地球的各个角落，这对于生活在 20 世纪以前的人类来说，难道不是一个人间奇迹吗？

错综复杂的空中航线把世界各国连接起来，为人们提供了既方便又迅速的客运。早在 20 世纪 20 年代，航空运输就开设了定期航班，运送旅客和邮件。自从 20 世纪 70 年代末中国改革开放以来，中国的经济取得飞速发展，中国的航空事业发展也比较明显，空中航线更是四通八达，坐飞机已经不是什么奢侈的事情，而是平常又平常的事情。早晨还在北京、中午出现在千里之外的广州或上海、昆明，办完事情晚上再回到北京，对于许多人来说已是日常生活内容了，就像人们开玩笑时经常说的"打个飞的"那样。这在 20 世纪以前则是不可思议的。

飞机的发明也使航空运输业得到了空前发展，许多为工业发展所需的种种原料拥有了新的来源和渠道，大大减轻了人们对当地自然资源的依赖程度。特别是超音速飞机诞生以后，空中运输更加兴旺。那些不宜长时间运输的牲畜和难以长期保存的美味食品，也可以乘坐飞机而跨越五湖四海，给世界各地的人们共赏共享。"一骑红尘妃子笑，无人知是荔枝来"，当年连贵妃娘娘都不易品尝到的岭南荔枝，如今"坐飞机"过来也用不了一天时间，早已成为百姓家中的寻常水果了。

当然，飞机在国家防御体系中的作用同样非常重要，现代战争离开强有力的空中支持是不可想象的。军用飞机不仅可以用于侦察、轰炸、争夺制空权，而且在预警、反潜、扫雷等方面也极为出色。在 20 世纪 90 年代初爆发的海湾战争、后来的美国发动的伊拉克战争中，飞机的巨大威力有目共睹。但是和平利用飞机，才是人类发明飞机的初衷。

　　航空是人类在 20 世纪所取得的最重大的科学技术成就之一。在民用领域，它首先应用于交通运输事业，使人类大大扩展了自己的活动范围，把天涯海角联系在一起。1924 年道格拉斯公司"世界巡航号"飞机第一次作分段环球飞行，历时 175 天，飞完 42400 千米。1929 年 8 月齐伯林飞艇用 21 天 7 小时 34 分环球飞行一周，轰动了世界，今天这个记录大大缩短了。1992 年 10 月，一架"协和"号超音速客机，为了纪念哥伦布发现美洲新大陆 500 周年，只用了 32 小时 49 分绕地球一周，创造了环球飞行的新纪录。

早期客机——美国的克劳德斯特双翼客机

　　和其他运输形式相比，航空运输有很多优点。首先是快，目前大型飞机时速 800—900 千米，是铁路的 13 ~ 15 倍，比轮船快 20 ~ 30 倍，比动车组旅客列车也要快至少 3 ~ 5 倍。在追求高效率的今天，航空运输为人类旅行节省的时间具有无法估量的价值。其次是机动，航线不受高山、大川、沙漠、海洋的阻隔，且可根据客、货源数量随时增加班次。第三是安全舒适，据国际民航组织统计，近年来世界民航定期航班失事率大大降低，平均每亿客千米的死亡人数为 0.04 人，是其他运输方式事故死亡人数的几十分之一到几百分之一。

　　1920 年代末，世界发达国家有越来越多的人开始享受飞行的便利，美国境内航空公司如雨后春笋般涌

现保存在加州飞行博物馆中的世界巡航者新奥尔良号

现，飞机开始改变世界。联合航空、横贯大陆及西部航空（TWA）、美国航空成为主要的航空公司。当时投入运营的飞机主要是福克 F - 10 系列和福特 AT 系列之类的金属蒙皮三发机种，并成为当时的工业标准。这些木质骨架飞机基于"一战"时期的技术，在升空之前就已经显得过时，飞得很慢很低，并且维护起来很困难。在 TWA 航空的一架福克 F - 10 坠毁，导致圣母院橄榄球队传奇教练纽特·罗克尼殒命后，各大航空公司都开始寻求新一代更安全且易于维护的客机。道格拉斯飞机公司抓住机会，推出了 DC 系列运输机，不仅满足当时航空公司的要求，而且成为 20 世纪 30 ~ 40 年代全球的标准民航机。

民用航空

民用航空，是指使用各类航空器从事除了军事性质（包括国防、警察和海关）以外的所有的航空活动称为民用航空。这个定义明确了民用航空是航空的一部分，同时以"使用"航空器界定了它和航空制造业的界限，用"非军事性质"表明了它和军事航空的不同。

客 机

空中客车

现在，人们要出国跨洲跨洋旅行，选择坐飞机的越来越多。航空成为长途客运的主要方式。这种现象促使客机向大型化发展，出现了越来越多的"空中公共汽车"——大型客机。

它们一般采用大型宽体机身，载客量大幅度提高，如美国制造的波音 747 客机，载客量可达 300 多人。为了提高大型客机的飞行速度，它们都采用了先进的涡轮风扇喷气发动机，能够为飞机提供更大的推进力，使飞机可以以超音速飞行，每小时飞行 1200～1500 千米，使旅客实现快速位移的目的。大型客机不仅服务周全，乘坐舒适，而且配有完善的导航和操纵设备，飞行稳定安全，甚至可以全天候飞行。

目前，国际上最大的民航客机制造集团分别是美国的波音公司和欧洲的空中客车公司。

空中客车 A320 系列飞机是欧洲空中客车工业公司研制生产的单通道双发中短程 150 座级运输机。空中客车公司在其研制的 A300/310 宽体客机获得市场肯定，打破美国垄断客机市场的局面后，决定研制与波音 737 系列和麦道 MD－80 系列进行竞争的机型，旨在满足航空公司低成本运营中短程航线的需求，航空公司希望飞机能优化客舱布局、行李和货运装卸更方便、操作极具灵活性。A320 系列是一种创新的飞机，为单过道飞机建立了一个新的标准。A320 系列飞机在设计上通过提高客舱适应性和舒适性，以及采用当前单通道飞机可用的最现代化的电传操纵技术。A320 项目 1982 年 3 月正式启动，1987 年 2 月 22 日首飞，1988 年 2 月获适航证并交付使用。最初的法国航空的 A320 在航空展上坠毁，3 名机组成员死亡，事故是由于飞行员对新型电传操纵系统操作不当引起的，调查显示还有大量未解决的问题，但是随着飞机技术的成熟完善，那次事故的影响慢慢消退，不再会影响其优良的声誉了。A320 系列飞机包括 A318、A319、A320 和 A321 在内组成了单通道飞机系列。为运营商提供了 100 至 220 座级飞机中最大的共通性和经济性。A320 飞机自 1988 年 4 月投入运营以来，迅速在中短程航线上设立了舒适性和经济性的行业标准。A320 系列的成功也奠定了空中客车公司在民航客机市场中的地位。

我国的川航，对空中客车飞机情有独钟，以 A320 系列飞机作为其主力机种。

巨人——波音飞机系列

波音 737 系列飞机是美国波音公司生产的一种中短程双发喷气式客机，

被称为世界航空史上最成功的民航客机。主要针对中短程航线的需要，具有可靠、简捷，且极具运营和维护成本经济性的特点。波音737销路长久不衰，波音737成为民航历史上最成功的窄体民航客机系列。根据项目启动时间和技术先进程度分为传统型737和新一代737。传统型737包括737－100/－200，737－300/－400/－500，新一代737包括737－600/－700/－800/－900。传统型737已经停产。波音737计划在1964年展开，采用波音707/727的机头和机身横截面。机身可以容纳一排6个座位。737－100最初的设想是一种只有65到80个座位的小容量短途客机。但是在启动客户——德国汉莎航空公司的坚持下，最后737－100的设计容量被提升到100座级。1967年4月9日原型机首次试飞，1967年12月15日获美国联邦航空局型号合格证，第一架737－100飞机于1967年12月28日交付给德国汉莎航空公司。737－100在市场上并不算受欢迎，只生产了30架。波音公司于1967年推出了机身延长的型号737－200，以配合美国市场的需要。737－200系列在市场上大受欢迎，总产量达到1114架，直到1988年才停止生产。波音公司在1981年决定继续设计737系列改进型号，737－300于1984年推出，比737－200略长，应用了波音757与767的现代化驾驶舱设计，机舱设计则来源自波音757，座位数102～145。737－400为737－300的加长型号，载客量为150～180人。737－500为737－300的缩短型号，续航距离较长，座位数104～132。此系列波音737已于2000年停产。波音公司为应付空中客车公司空中客车A320的竞争，1993年启动新一代737项目（最初称737－NG，NG是"Next Generation"的缩写，意指"次世代"之意），1998年正式投入使用。1993年11月，波音启动波音737－700项目，737－700为基础型号，直接取代737－300。当时启动用户美国西南航空公司订购了63架飞机。首架飞机于1997年12月投入运营。

　　1994年9月5日，波音737－800项目启动，737－800是737－700的机身加长型号，直接取代737－400。首架飞机于1998年春天交付。1995年3月15日，斯堪的纳维亚航空公司（SAS）订购了35架飞机，成为了波音737－600的启动用户。737－600为737－700的缩短型号。首架波音737－600于

1998 年交付。1997 年 11 月 10 日，波音 737 - 900 项目启动。737 - 900 为新一代 737 机身最长的型号。2001 年初开始交付。波音 737 系列的所有机型已获得 7000 多份订单，在民用航空史上，其他任何机型都未曾在销量方面获得如此巨大的成功，比主要竞争对手空中客车公司成立 30 年以来全部产品系列所得到的订单还要多。世界上任何时候天空中都有近 1000 架 737 在飞翔。

我国各大航空公司，如国航、海航、南航等，都拥有多种型号的波音客机，其中波音 737 飞机是国内航线的主力机种。

深圳航空公司波音 737—800WL 型客机

波音 747 飞机是美国波音公司研制、生产的四发（动机）远程宽机身民用运输机。是全球首架宽体喷气式客机。是一种研制与销售都很成功的民航客机。1965 年 8 月开始研制，1969 年 2 月原型机试飞，1970 年 1 月首架波音 747 交付给泛美航空公司投入航线运营，开创了宽体客机航线服务的新纪元。双层客舱及独特外形成为最易辨认的民航客机。自波音 747 飞机投入运营以来，一直是全球最大的民航机，一直垄断着大型运输机的市场，这种情况直到竞争对手空中客车 A380 大型客机的出现。1990 年 5 月起，除波音 747 - 400 型外，其他型号均已停产。波音 787 梦想飞机（Dreamliner）是波音民用飞机集团的中型双发（动机）宽体中远程运输机，是波音公司 1990 年启动波音 777 计划后 14 年来推

波音 747—400 大型客机

出的首款全新机型。波音787系列属于200座至300座级飞机，航程随具体型号不同可覆盖6500～16000千米。波音强调787的特点是大量采用复合材料，低燃料消耗、高巡航速度、高效益及舒适的客舱环境，可实现更多的点对点不经停直飞航线。2004年4月，随着全日空确认订购50架波音787飞机，该项目正式启动。

国内总装的空中客车 A320 飞机

2009年6月，国内总装下线的第一架空中客车A320飞机在空客天津总装厂举行隆重的交接仪式，交付四川航空运营。据介绍，这架A320飞机配备IAEV2500发动机，采用两级客舱布局，设有8个头等舱坐席和156个经济舱坐席。川航将这架客机命名为"中华龙"号。为配合"中华龙"号的主题，川航特别成立了一支"祥凤乘务组"。七名空姐身着红、蓝、黄、粉、橙等七种颜色的旗袍，左肩上均手工刺绣一只精美的凤凰。整套服饰显得古典而高贵。"希望客人走进客舱能够眼前一亮，带给他们一种喜庆、祥和的气氛。"

空中客车公司与川航联合培养的美女飞行员王志千也在执飞队伍中。

空中客车 A340 是一种由空中客车公司制造的四发动机远程双过道宽体商用客机，设计上类似于双发空中客车A330，但是装备多了2台发动机，达到4台。A340最初设计目的是要与波音747竞争，后来则是要与波音777竞争远程与超远程的飞机市场。1987年4月欧洲空中客车工业公司

空中客车 A330 客机

决定A330和A340两个型号作为一个计划同时上马。其概念为：一个基本的机身有相同的机体横截面，以2台或4台发动机作为动力装置，可以提供6种不同的构型覆盖从250座至475座从地区航线到超远程航线，提高通用性。

双发的 A330 在地区航线到双发延程飞行的延程航线均可带来最大收益且低运营成本，而四发的 A340 在远程和超远程航线上提供多种功能。A340 在 1988 年开始研发，采用的先进材料、系统和航空电子设备使空中客车公司保持了技术和创新性方面的领先地位。这两种机型也保留了空中客车 A300/A310 系列机型的机身截面设计。同时借鉴空中客车 A320 其先进的航空电子技术。设计 A340 时，与双发动机的 A330 一同开发。A330 和 A340 两种机型有很大的共同性，有 85% 的零部件可以互相通用，采用相似的机身结构，只是长度不同，驾驶舱、机翼、尾翼、起落架及各种系统都相同，这样可以降低研制费用。A330 和 A340 两个型号的研制费共计 25 亿美元（1986 年币值）。A340 – 500 和 A340 – 600 飞机是现役的航程最远的客机。A340 – 300 增强型飞机也具有这些特点。此外，A340 – 300 增强型飞机还从发动机维护成本降低中受益。CFM56 – 5C/P 发动机提高了燃油效率，同时还满足未来的噪音和排放要求。A340 系列飞机通过技术的改进，削减了飞机维护成本，降低了飞机的重量并减少了燃油成本。2006 年 1 月，空中客车宣布开发 A340E。空中客车宣称，A340E 的燃料消耗，会比早期的 A340 有所降低，以便更有效地与波音 777 竞争。空中客车公司 A340 系列飞机的优势并不仅限于降低了维护和燃油成本，除得益于空中客车公司独特的运营共通性好处外（将飞行员及维护人员的培训时间和成本降至最低），该飞机配备四台发动机的布局也可使航空公司有能力灵活制定远程和超远程航线计划。A340 作为一款四发远程飞机不受双发延程飞行的限制，以补充已有的飞机系列，包括当时最新的宽体远程飞机——波音 767，由于必须尽可能靠近紧急转飞军用机场，以应付其中一具发动机故障时的情况；四发动机的波音 747 则没有类似的问题。空中客车将 A340 设计成四发动机飞机，就是为了研发一款不受 ETOPS 限制的新一代飞机。1990 年，空中客车相信四发动机飞机，具有较大的安全程度，在有一具发动机故障的情况下，会比双发动机的波音 777 更为优越。配备四台发动机还可使 A340 飞机不受海洋、山区、沙漠和极地等极端偏远地区地形的影响，而双发延程飞行（ETOPS）限制却制约着双发飞机远程航线的运营。（由于 A340 并不受 ETOPS 约束，维珍航空在宣传其 A340 机队时，曾用一句口号 "4

Envines 4 Long Haul"）由于波音 777 远程型号的出现，随着燃油价格上升，双发动机无论在营运成本与经济性方面，均比四台发动机的 A340 为优，与波音 777 相比，A340 是四台发动机，越洋飞行可靠性较好，但发动机性能日益提高，已无明显优越性。由于新型发动机的故障率极低（这可以从双发动机飞机的 ETOPS 认证看到），再加上更高的动力输出，除非是超大型飞机，例如 A380 或者是波音 747，否则四台发动机好像并无必要。航空公司开始倾向波音 777。波音 777 的销售向好，而 A340 的订单就逐年下降。另外，A340 载客量较少，适宜远程客运量较少的航线。

空中客车 A380 是欧洲空中客车工业公司研制生产的四发远程 550 座级超大型宽体客机，也是全球载客量最大的客机。A380 为全机身长度双层客舱四引擎客机，采用最高密度座位安排时可承载 850 名乘客，在典型三舱等配置（头等－商务－经济舱）下也可承载 555 名乘客。A380 于 2005 年 4 月 27 日首飞成功，并于同年的 11 月 11 日，首次跨洲试飞抵达亚洲的新加坡。该型号的原型机于 2004 年年中首次亮相，至 2005 年 1 月 18 日，空中客车于图卢兹厂房为首架 A380 举行出厂典礼，序号为 001，登记号码为 F－WWOW。2000年推出的这款飞机被空中客车公司视为 21 世纪的"旗舰"产品。原计划定于2006 年正式交付投入运营。空中客车 A380 优势所在，首先在单机旅客运力上有无可匹敌的优势，在飞行舱改装成本上也较其他机型要低，且时间更短。一直以来，大型远程民用运输机市场被波音公司的 B747 系列所垄断，空中客车在其他机型上都有与波音公司竞争的机型，但只有在这个市场上一直是一个空白，虽然空中客车公司推出了 A340，但仍然不能撼动波音 747 在这个机型上的绝对优势，空中客车公司开发了 500－800 座级大型民航运输机 A380，意在抢夺由波音 747 把持的大型客机市场，最初该计划被称为"A3XX"。这个耗资百亿美元的计划提出了对未来民用航空发展的推断：未来世界民航运输机发展将继续向大型化发展，并以此提出了"枢纽辐射"的理念，即旅客通过支线航班汇聚到干线机场，再由大型运输机运送到另一干线机场，最后再乘坐支线客机到达目的地。20 世纪 90 年代空客公司宣布了其 A380 超大型运输机计划。空客认为，改善 21 世纪空中交通拥挤的最好办法是增加运力；

人类飞行的故事

空客推出 A380 超大型运输机计划项目曾引起不少人担忧，空客则认为大型客机市场还是一块无人争斗的黄金宝地，对市场前景十分乐观，同时为了完善空客的民机系列，占据更有利的位置与波音竞争，值得冒着巨大的商业风险发起 A380 计划。A380 在投入服务

空客 A380

后，打破波音 747 在远程超大型宽体客机领域统领 35 年的纪录，A380 的出现结束了波音 747 在大型运输机市场 30 年的垄断地位。

早夭的"协和"与"图－144"

"协和"是原英国飞机公司（现为英国航宇公司）和法国航宇公司联合研制的四发超音速客机。

1956～1961 年，英法两国就分别对超音速客机进行了研究，并各有一种设计方案，由于研制费用高，加上两国方案相近，于是两国决定联合试制。1962 年 11 月达成合作协议，并将飞机正式命名为"协和"。1969 年 3 月 2 日，协和客机在图卢兹实现了首次试飞，1976 年 1 月 12 日协和正式投入航线使用。协和式超音速客机采用无水平尾翼布局，为了适应超音速飞行，协和式飞机的机翼采用三角翼，机翼前缘为 S 形。协和式飞机前机身细长，这样既可以获得较高的低速仰角升力，有利于起降，又可以降低超音速飞行时产生的阻力，有利于超音速飞行。由于机头过于细长，飞行员在起降时视线会被机头挡住，在起飞时机头可下垂以改善起降视野。协和式飞机共有四台涡轮喷气发动机。最大飞行速度 2.04 马赫。最大载重航程 5000 千米。"协和"总共只生产 20 架，英法两国各生产 10 架。

协和式超音速客机是世界上率先投入航线上运营的超音速商用客机。由于经济性差，载客量偏小，运营成本较高以及噪音问题，最终也只有英国航

空公司和法国航空公司使用协和式飞机投入航线运营。英国航空公司和法国航空公司使用协和式飞机运营跨越大西洋的航线。2000 年 7 月 25 日，法国航空公司的一架协和式飞机在巴黎戴高乐机场起飞后两分钟起火坠毁，机上 100 名乘客和 9 名机组成员全部遇难，地面另有 4 名受害者。到 2003 年，尚有 12 架协和式飞机进行商业飞行。2003 年 10 月 24 日，协和式飞机执行了最后一次飞行，全部退役。

1960 年年初，当苏联得悉美国、西欧准备研制超音速客机后，仓促上马研制超音速客机。由图波列夫设计局研制的图－144 在外形上与协和式飞机非常相近，特别是当苏联驻英使馆人员曾因窃取协和资料被驱逐的消息披露后，航空界普遍怀疑图－144 是抄袭协和式飞机的，并戏称其为"协和斯基"。图－144 与协和式飞机一样采用下单翼结构、双三角翼型、无平尾、可下垂机头。图－144 的巡航速度为 2.35 马赫，最大航程 6500 千米，载客 140 人。这些指标优于英法联合研制的协和式飞机。图－144 的设计方案于 1965 年 9 月在苏联公开展出。1968 年 12 月 31 日，第一架原型机制成并进行了试飞，创下了一项世界纪录。经过大约三年的试飞，图－144 进行了重大的改动，并于 1973 年投入批量生产。

图－144 超音速客机

1973 年 6 月 3 日，图－144 在参加巴黎国际航空展览时，突然坠毁，机上人员全部遇难。根据当时的报道，参展的图－144 已经试飞过 100 余次，飞行时间约 300 小时。在此次航展上，该机共进行了两次飞行表演，且都是在协和式飞机表演之后进行的。6 月 3 日的则是为 35 万观众进行的公开表演。在表演中，图－144 曾 3 次穿场而过，在最后一次穿场飞行时，按计划表演低空、低速飞行，飞行高度在 100 米左右。此时飞机放下了起落架，垂下机头整流罩，并放下前置操纵面，像一只大鸟掠过机场，然后开始爬升。当飞机爬升到 1500 米时，突然机头低下来，机腹左侧出现闪光。当飞机的俯冲角拉平到 45°角时，左翼断裂。飞机翻了个身，随后整个飞机在空中肢解开来。飞机主体坠落在距机场几千米外的村庄里，砸死了几个人，毁坏了 15 家农宅，6 名机组人员全部死亡。

图－144S 型客机于 1975 年 12 月 26 日起开始服役，提供货运及邮政服务，来往莫斯科与现哈萨克斯坦首都阿拉木图之间。1977 年 11 月始提供载客服务，但在 1978 年 5 月 23 日的空难发生后，俄罗斯国际航空局在 6 月 1 日把图－144 退出客运行列，其载客服务只历时半年，共完成 55 次航班。

图－144 在退出客运后，货运服务没有终止，俄航使用新型的图－144D 型飞机，配备更省油的 RD－36－51 引擎，其航线可以更长，可来往莫斯科与哈巴罗夫斯克之间。在飞机脱离商用服务以前，共完成了 102 次客运及货运的正式航班。

空中小巴——小型客机

小型客机载客量多数为十几到几十名乘客，机身自重小，机翼伸展短，可在简易的跑道上起降，是国内地方航线多采用的机种。过去的小型飞机速度较慢、振动大、乘客感觉差。而现代新型小型客机，飞行速度可达到 800 千米/小时，不亚于一般大型喷气客机；采用新型复合材料，设计合理舒适；导航通讯设备也已完善，飞行平稳而安全。我国西安飞机公司研制的"运—7"型客机就是小型客机，其性能优良，现在已成为我国国内中短途航线使用的主要机种。

 知识点

客　机

客机狭义指民航客机，是体型较大、载客量较多的集体飞行运输工具，用于来往国内及国际商业航班。民航客机一般由航空公司运营。执行商业航班飞行的客机主要分为干线客机、支线客机。客机按航程分为短程、中程、

人类飞行的故事

远程。客机按起飞重量与载客量分为小型、中型、大型。客机按驱动方式分为螺旋桨式客机、喷气式客机。

商用飞机

麦道 DC - 1 运输机

道格拉斯运输机的第一杰作是 DC - 1，是应航空业改善维护性要求而设计的，维护性满足美国商用航空局（联邦航空局的前身）要求。当时各大航空公司需要一种全新、更安全且维护性更好的旅客机，波音公司率先推出了全金属双发单翼机——Model 247。波音 247 成为当时最先进的飞机，美国航空局定购了 60 架，使得波音的生产组装线满负荷运转，其余的航空公司要想定购 247 就只有等到美国航空局的飞机交付完毕之后了。TWA 公司并不想在航空业现代化的竞争中落后，为此自行启动了研制新一代旅客机的招标。

1932 年 8 月 2 日，TWA 将设计规格递交航空工业界，规定得相当详细：全金属单翼设计，3 台增压发动机，每台功率不小于 367500 瓦。双人制驾驶舱，至少可搭载 12 名乘客。还规定了航程不小于 1738 千米，最大速度不低于 298 千米/小时，巡航速度不低于 235 千米/小时，爬升率 366 米/分，实用

线条优美的波音247，依稀可以看到 B - 17 的身影

升限不低于 3048 米。这些要求以当时的技术水平来说并不苛刻，但是在 TWA 加上"在失去一个发动机且满载的情况下，在 TWA 的任意一机场都必须具有令人满意的良好控制下的起飞"一条后就不同了。除了波音外的所有主要飞机制造企业：通用航空、马丁、联合、寇蒂斯和道格拉斯都收到了设计规格书。

道格拉斯的 DC-1 很容易就成为最先进，也是最受争议的型号。客舱空间足够乘客直身而立，这在当时是一项创新，并采用了一体式中央发动机舱/机翼结构段，增加了强度。外翼段使用螺栓固定在中央翼段上，机翼维护变得简单。发动机采用 700 马力级的型号，并采用全 NACA 设计规范的发动机整流罩，阻力更小。但道格拉斯的设计只有两个发动机，这就意味着要满足 TWA 的要求，就必须要具有单发起飞能力。正在道格拉斯工程师担心无法满足要求时，TWA 定购了 DC-1。

1933 年 7 月 1 日，道格拉斯试飞员卡尔·卡沃和福瑞德·赫曼驾驶 DC-1 在克劳沃机场的跑道上首次升空。由于化油器出现故障，试飞草草结束，但飞机的确表现出色。在完成了为期三个月的工厂、TWA 和商用航空局联合试飞后，DC-1 获得美国商用航空局型号认证。DC-1 进行过的测试项目之一就是 TWA 单发测试，试飞机组只使用一个发动机从新墨西哥州阿尔伯克基（TWA 海拔最高的机场）飞到了亚利桑那州温斯洛。TWA 对此相当满意，并在 1938 年 12 月接收了这架 DC-1。TWA 为此仅支付了 12.5 万美元，但道格拉斯却花了 80.7 万美元来制造这架原型机，道格拉斯表面上看起来亏损严重，但重要的是 TWA 签署了首批 20 架改进型 DC-1 订单，这些飞机将增加座位，型号为 DC-2。

DC-1 在测试后对最初设计进行了一些改动，增大垂尾面积以增强稳定性，并试用了普拉特惠特尼的 SG-D 大黄蜂发动机，改进后的飞机称为 DC-1A。从此以后，无论军用或民用的 DC 运输机，在订购时都可以选择安装莱特或普惠发动机。TWA 订购的飞机都安装了莱特旋风发动机。TWA 和道格拉斯使用这架 DC-1 打破了多项美国和世界速度纪录，包括一项航程 5000 千米，平均速度 438 千米/小时的横跨美国大陆的飞行。这架"客机"甚至绕着当时的陆军和海军战斗机飞行。

对 DC－1 感兴趣的不仅是航空公司，美国陆军航空队需要一种现代化的货运/部队运输机，DC－1 看起来十分合适。1933 年 6 月，DC－1 在陆军航空发展中心所在的莱特机场作了停留。在此地，陆军和道格拉斯试飞员驾驶这架旅客机进行了性能展示。虽然陆军十分欣赏 DC－1，他们还是想等改进型号出来再下订单。在完成了全部任务后，TWA 将 DC－1 卖给了著名富翁霍华德·休斯。休斯将其用于速度竞赛，后又转卖给了西班牙政府。1940 年 12 月这架 DC－1 在马耳他机场的一次起飞中因发动机故障而坠毁。

国际上把从事赢利性公共航空运输活动以外的所有民用活动统称为通用航空，主要包括为工农业生产服务的作业飞行、文化体育运动飞行、教学飞行、娱乐游览飞行、公司及政府的专用飞行等。根据上述

DC－1 在陆军航空发展中心所在莱特机场作停留

需要，派生出一系列专门用途的飞机，如农业机、森林防护机、航测机、医疗救护机、游览机、公务机、体育机、试验研究机、气象机、特技表演机、执法机等。通用航空飞机还包括各种轻型和超轻型飞机、直升机和滑翔机等。

农业飞机

是用于执行喷药、播种和施肥等田间作业的飞机，早期多用退役的小型飞机改装，近年来有专门研制的农业飞机。著名的农业机有前苏联的安—2、安—3；美国的"农用马车"、"农业猫"、"空中拖拉机"；澳大利亚的"空中卡车"和波兰的 M—18 "单峰骆驼"等。对农业机的要求主要有：良好的稳定性和低空操纵性，便于飞越树林、电线等障碍物；转弯半径要小，便于喷程末端调头，缩短工时；超低空性能好，保证药物喷洒质量；能在简易场地起降；有效载荷大；装卸方便；座舱视界好；安全性好，检查维修方便等。另外，还需要配备先进的农业作业设备。"农业猫" G164 是美国施韦策公司

根据格鲁门公司转包合同生产的单座双翼活塞式农业机，原型机 1957 年 5 月首次试飞，1959 年开始交付使用，共生产了 2500 架左右。1981 年又开始生产两种新的改型：G164 改进型（药箱比初期型加大 40%）和 G164 涡轮型（换装涡轮螺桨发动机）

运 – 11 是我国哈尔滨飞机厂研制的一种轻型双发多用途运输机。哈飞于 1974 年 4 月提出设想，1975 年 1 月开始设计，1975 年 12 月 30 日运 – 11 原型机首次试飞成功。运 – 11 实现了当年设计，当年试制，当年上天的目标。1977 年 4 月 3 日设计定型投入生产。

运 – 11 定型后交付了 41 架，中国飞龙航空服务公司接受 14 架，新疆"军垦农航" 10 架，后停产。曾先后用于飞播小麦、水稻、农业施肥、除草、灭虫、绿化草原、地质勘探、空中照相以及支援短途运输、旅游、考察丹顶鹤和东北虎等野生动物等各项作业。该

运 – 12

机低速性能良好，座舱宽，视野好，起降要求低，使用维护方便。1980 年 5 月 23 日，在国务院、中央军委批准下，哈尔滨飞机厂组建了运 – 11 飞机农业航空服务队。

在具体设计上，运 – 11 采用双发、上单翼带撑杆、单垂尾、固定式起落架布局。矩形机翼为双梁斜撑杆式结构，翼形 NACA 4412。前缘装有可自动打开的前缘缝翼和同后缘襟翼联动的襟副翼。采用圆角矩形截面机身，舱内布置了四个双人折叠板椅。板椅收起后，可以装货。大小两扇的货舱门在货舱左侧，舱内有八个有机玻璃窗口。采用梯形单垂直尾翼和矩形反弯度翼型水平尾翼。舵面同时采用轴式补偿和角式补偿，便于驾驶。升降舵和方向舵采用布质蒙皮。前、主起落架不可收放，均为支柱式，有油气减震器，适于在简易土跑道或草地上起落。主起落架采用低压轮胎双轮。机翼内共装有四

个金属油箱，重力供油，在左右发动机舱内各安装1个金属消耗油箱。飞行员采用Y柱形结构的盘式双操纵，脚操纵采用前后位置可调整的四连杆机构脚踏板。电动机械混合传动襟翼和副襟翼，舵面由软硬混合式机械传动控制，升降舵和方向舵的调整片采用电动机构传动。冷气系统供发动机启动和主起落架刹车用。电源系统为2台ZF-15直流发电机和1个12HK-30蓄电池，交流电通过GBL-250单相变流机和SBL-40、SBL-125三相变流机供电。机载设备包括各种仪表、GT-1超短波电台和WL-7无线电罗盘等通讯领航设备。可加装装有1个粉剂和液剂共用的玻璃钢药箱，容量1000千克。1个容量为1.4立方米的尼龙种子料袋，1个可卸式风动药泵，最大流量为16千克/秒。机上装有常量型和超低量型两套喷洒设备。

灭火飞机

森林消防飞机是专门用于扑灭森林火灾的飞机。二次大战后，美国把大量战时使用的水上飞机改为森林消防飞机，有的至今还在使用。加拿大是一个多森林国家，木材加工工业在国民经济中举足轻重。60年代初，加拿大航空工业公司研制了专门用于森林灭火的两栖飞机CL—215，能往返飞行于附近水面和火场之间，在飞行

我国水轰—5也可用作森林灭火

中把水箱吸满，运往火场上空洒水灭火。1969-1990年期间共交付了124架活塞式CL—215，目前正在研制装两台普惠公司PW123AF涡轮螺桨发动机的CL—415，设备更先进，在掠过水面时只需12秒钟即可吸满1350加仑（6130升）的水箱，飞行速度达375千米/小时，视水源距火场远近，一次升空，在1小时内可向火灾现场投水20次以上。

人类飞行的故事

航测机

航测机是能执行航空勘测任务的飞机，一般由低速性能好的运输机或其他飞机改装而成，要求飞机爬升性能好、转弯半径小、操纵灵活、低空和超低空性能好。飞机上还应装导航和无线电定位装置，以保证飞机在指定区域作精确扫描飞行。由于任务不同，装备不同的专门探测设备。如果是航空地球物理探矿，则根据采用的不同方法（航空磁法，航空放射法……）装备相应的设备，探测具有磁性的矿藏或有放射性的矿藏。

采用航测机与地面测量相比，具有一系列优点，能克服种种不利地形条件和气象条件的限制，在高寒地区、陡峭山区、原始森林和沼泽湖泊等人员难以到达的地区进行地质调查。使用航测机，速度快、效率高、使用劳动力少，能在短期内取得大面积区域的探测资料。

水上飞机

水上飞机是能在水面上起飞、降落和停泊的飞机，其中有些也能同时在陆上机场起降的，称为两栖飞机。水上飞机分为船身式（即按水面滑行要求设计的特殊形状的机身）或浮筒式（把陆上飞机的起落架换成浮筒）两种。两栖飞机则在船身或浮筒上装置可收放的起落架，在水上起降时收上，在陆上起降时放下。

水上飞机在军事上用于侦察、反潜和救援活动；在民用方面可用于运输、森林消防等。水机的主要优点是可在水域辽阔的河、湖、江、海水面上使用，安全性好，地面辅助设施较经济，飞机吨位不受限制；主要缺点是受船体形状限制不适于高速飞机，机身结构重量大，抗浪性要求高，维修不便和制造成本高。

早期，水上飞机和陆上飞机是同时发展的。20世纪30年代水机发展十分迅速，远程和洲际飞行几乎为水机所垄断，还开辟了横越大西洋和太平洋的定期客运航班。例如，德国道尼尔公司20年代末研制的goX是当时世界上最大的水上飞机，机翼上方分6组背靠背地装12台活塞式发动机，最大速度达到 224 千米/小时，1929 年 10 月曾创造一项载 169 名乘客飞行的世界纪录，一直保持了 20 多年。美国联合公司 30 年代研制的 PBY—5 "卡塔林娜" 两栖飞机在二次大战中广泛用作海上巡逻机，生产量达 4000

国产 Y-5（运五）轻型多用途
单发双翼运输机水陆两用型

架，战后改作森林消防飞机。战后水机发展速度放慢，主要代表机种有前苏联的别—10 和日本的 PS—1 水上飞机，后者由于采用了附面层吹除襟翼和喷溅抑制槽技术，具有较高的抗浪能力。中国在轰—5 的基础上研制了水轰—5，它能执行反潜任务。

公务机

公务机是在行政事务和商务活动中用作交通工具的飞行，亦称行政机或商务飞机。

公务机一般为 9 吨以下的小型飞机，可乘 4～10 人；但有的地方把总统、国王、皇室成员专用的要人专机也列入通用航空范围，这时波音 747 这样的大型飞机也可以列入公务机行列了。

公务机大都有两台发动机以提高飞行安全性。高级公务机多采用涡轮风扇发动机，一般装在机身尾部和两侧的短舱内，以降低机舱的噪音。豪华的公务机机舱内有现代通讯设备，供乘用人员办公用，飞行性能与航线飞机差不多。

据最新统计，全世界 1991 年共有 29280 架公务机，按营业额统计，世界上最大的 10 家公务机生产厂家中，美国 4 家，加拿大两家，法、英、以、意各 1 家。

人类飞行的故事

双翼机

　　有上下并列配置的两副机翼的飞机，被称为双翼机。两副机翼前后配置的飞机称串翼机。双翼机的上下机翼用支柱和张线连成一个承力的整体，组成一个空间桁架结构。双翼机是旧式飞机。在飞机发展初期，发动机功率低、重量大，建造机体的材料大多是木材和蒙布。为解决升空问题，需要较大面积的机翼，以便在低速条件下产生足够的升力。双翼机有两个翼面，机翼总面积较大。

　　在现代的飞机中，除对载重量和低速性能有特殊要求的小型飞机外，双翼机已不多见。

新中国的航空事业

　　1949 年新中国建立之初，别说是飞机制造业，基本上所有的重型装备制造业都处于"一穷二白"的状态，但是，很快，随着"一五"、"二五"计划的实施，新中国终于逐步实现了自己制造飞机的梦想。在跨入 21 世纪以后，中国经济有了突飞猛进的增长，技术能力也有了空前提高，中国成为航空大国、航空强国的步伐越来越快。

　　初教 – 5 教练机，是我国第一种自行制造的初级教练机，原型为苏联雅克 – 18 教练机。雅克 – 18 是由前苏联雅克福列夫设计局于 1946 年设计生产的双座初级教练机。1951 年，中共中央批准国有航空工业争取在 3 ～ 5 年内，从修理起步，逐步过渡到仿制苏联教练机和歼击机。

　　1951 年 4 月 23 日，国家航空局决定在南昌建立飞机制造厂。5 月 13 日第一批建设者到达南昌，在国民党政府与意大利 1934 年合建的"国民党第二飞机制造厂和航空研究院"的旧址上开始了工作。当时只有一条 1500 米的碎石

人类飞行的故事

跑道，1座厂房，7座旧机棚，30多台旧机床。经过第一代建设者的奋斗，建厂仅仅148天就开始修理从朝鲜战场上转下来的飞机。当年年底，南昌飞机制造厂已修理雅克－18型飞机38架。

1954年4月1日国家航空工业局批准南昌飞机制造厂提前成批生产雅克－18。1954年7月，南昌厂仿制成功首架雅克－18教练机，命名为初教－5。1954年7月3日下午5时15分，初教－5首飞成功。与之配套的株洲航空发动机制造厂也正式成立。尽管现在看来初教－5老得掉牙，但它却是我国批量制造飞机和航空发动机的开端，有着不同寻常的意义。初教－5飞机在当年就生产了10架，次年交付部队60架，到1958年共生产了379架。

该机机身由合金钢管焊接成骨架，呈构架式机身骨架。机身前段及发动机整流罩为铝合金蒙皮。机身后半段由布质蒙皮覆盖。机翼由梯形外翼和矩形中翼组成。中翼为全金属结构，由两根大梁、八根翼肋等组成，中翼中装有两个容量75升的油箱。中翼与机身框架连接。外翼与尾翼的前缘、梁、翼肋等用铝合金制作；布质蒙皮。发动机选用工作可靠、使用方便的M－11FP5缸气冷式活塞发动机。后三点式起落架，主轮半埋状收入中翼，尾轮固定不可收。纵列式密封座舱具有良好的视野。机上装有无线电收报机和机内通话设备。

中国1990年用于通用航空的飞机总共才约400架，主要机种是运5型飞机。而现在，中国已经成为世界上的航空大国之一，拥有强大的航空运输机群。随着我国大飞机项目的实现，在不久的将来，中国制造的大型客机一定会翱翔在全球五洲四海的蓝天之上。

国产 Y－5（运5）原型机 AN－2 轻型多用途单发双翼运输机

新中国早期的机种，以苏制飞机为主，小型机以运5、中型支线客机以伊尔12和伊尔14为主，20世纪中后期，则以安26等为主。在这一时期，我国

人类飞行的故事

运 5 起飞的瞬间

借鉴进口飞机，在进口飞机基础上，根据我国航空飞行的特点，研制出了运 7、运 8、运 10、运 11 以及运 12 等一些客机，为我国发展具有独立知识产权的新型飞机奠定了坚实的基础。

我国通过与外国飞机制造厂商的合作，生产制造了很多波音系列、空客系列飞机的部件，如我国参与了 MD－82、波音、空客飞机等许多客机合作生产项目，这些产品以优良的品质保障了飞机的安全飞行，为中国的航空制造业赢得了荣誉。

在中国航空史上，大家最熟悉的莫过于"两个翅膀"的小型多用途飞机运—5 了，这种以苏制安－2 型飞机为原型生产制造的小型飞机，可以担任短途客机、运输机、农业飞机、伞兵空降训练机和医疗救护机等，以其优良的安全性、对机场场地的适应性和良好的飞行操纵性能受到了普遍的赞赏。

苏制伊尔－12 和伊尔－14 曾经是我国国内航线的主力机种。现在，这些当年的"空中雄鹰"基本上都静静地待在航空博物馆等里面，接待游客的参观。

曾经是中国洲际飞行主力机种的伊尔－18 型客机

在 20 世纪 60～70 年代，我国民航的大型主力机种之一是苏制的四发动机的伊尔－18 型客机，周恩来总理等中国领导人，就是乘坐这种飞机出国访问的。现在，伊尔－18 型客机也早已退出了航空历史舞台，成为人们回顾航空发展史的标本。在北京昌平的航空博物馆里，就保存着伊尔－18 型客机，经常吸引一些曾经在电影上面看

人类飞行的故事

见过它空中英姿的人的目光。

运10——中国的第一架喷气式客机

运10飞机的研制始于1970年8月,1980年9月26日首飞成功。运10飞机的客舱按混合级布置为124座,头等舱16座,排距1.05米,旅行舱108座,排距0.88米。全经济级布置149座,排距0.88米;按高密度布置(排距0.7366米)可达179座。

运10飞机的最大起飞重量110吨,最大商载25吨;最大巡航速度974千米/小时;最大商载航程3150千米,5吨商载航程可达8300千米;最大加油量51吨;实用升限12000米。运10飞机共研制2架,其中01架用于静力试验,02架用于飞行试验。静力试验结果表明运10的静强度完全符合设计要求。飞行试验结果充分说明该机具有良好的飞行品质。运10从1980年9月首飞成功到1984年共飞行了130多个起落、170多个飞行小时。先后飞抵北京、哈尔滨、乌鲁木齐、郑州、合肥、广州、昆明以及成都等国内主要城市,并7次沿"死亡航线"飞抵拉萨,成为首架飞抵拉萨的国产飞机。

运10创造的中国飞机第一纪录

运10飞机是第一架国产喷气式旅客机;

运10飞机最大起飞重量高达110吨,是20世纪最大的国产飞机;

运10飞机最大航程长达8300千米,是20世纪飞得最远的国产飞机;

运10飞机最大时速(真速)达974千米,是20世纪飞得最快的国产运输机;

运10飞机的实用升限高达12000米,是20世纪飞得最高的国产运输机;

运10是20世纪第一架按英美适航条例(CAM4b和后来的FAR25部)设计的国产飞机;

运10飞机是20世纪第一架飞抵拉萨的国产运输机。

运10总体数据

速度

(1)最大巡航速度(100吨,8000米):974千米/小时(真速)

（2）经济巡航速度（100 吨，11000 米）：917 千米/小时（真速）

最大巡航高度 12000 米（39370ft）

航程

（1）15 吨商载、M＝0.82、巡航高度 11000 米：6400 千米

（2）5 吨商载、M＝0.82、巡航高度 11000 米：8300 千米

机组/乘员

机组：5 人驾驶制、4 个服务员

乘员：混合级 124 人：头等舱 16 座、排距 1.05 米/41.34 英寸（1 英寸约为 2.54 厘米）；经济舱 108 座、排距 0.88 米/34.65 英寸；全经济级 149 人、排距 0.88 米/34.65 英寸；最大起飞重量 110000 千克（242500lb）。

我国首架具有完全自主知识产权的新支线飞机 ARJ 21－700

2007 年 12 月 21 日，我国首架具有完全自主知识产权的新支线飞机 ARJ 21－700，在上海飞机制造厂总装下线。

由中国一航自行研制生产的中国首架自主知识产权的喷气支线客机 ARJ 21－700 飞机总装下线仪式于 2007 年 12 月 21 日在中国航空工业第一集团公司上海集团上海飞机制造厂举行。国务院副总理曾培炎和中共中央政治局委员、上海市市委书记俞正声出席了隆重的总装下线仪式。

ARJ 21 支线客机，是中国航空工业第一集团公司整合其民用飞机研发资源，2002 年由国务院正式批准立项研制的，从批准立项到总装下线仅用了五年的时间。据了解，本次总装下线的 ARJ 21－700 型支线客机，采用了每排五座机身，下单翼，尾吊两台先进的发动机为动力的短涵道分流动力装置，高平尾、前三点式可收放起落架布局。该机拥有支线客机中最宽敞的客舱，为乘客提供了更多的行李空间和舒适的乘坐环境。ARJ 21－700 新支线飞机是我国支线客机系列化发展的基本型，同时还将发展加长型、货运型和公务型等多种系列机型。

据了解，ARJ 21－700 支线客机适合中国和世界上多数支线航线使用，也符合像中国西部高温高原机场起降和复杂航路。所以该机从研制起就得到了

国内和国外客户的青睐，截至目前，订单总数已达 171 架，另有 2 架来自海外的意向订单。

中国一航采用了先进的计算机网络协同工作手段和并行工程管理办法，将研制信息和过程加以整合，并在研发、制造伙伴和国外系统供应商之间进行合作。ARJ 21－700 支线客机经过竞标，择优选择了国际上在航空工业居于领先地位的供应商，其中有通用电器、柯林斯、霍尼韦尔以及欧洲利勃海尔等 19 家一流供应商成为支线飞机项目的风险合作伙伴。

ARJ 21－700 支线飞机的驾驶舱

ARJ 21－700 总装下线，是中国一航实施大集团战略的胜利。该机由中国一航第一飞机设计研究院设计，2003 年 12 月 20 日在中国一航上海集团上海飞机制造厂、中国一航沈阳飞机工业公司、中国一航西安飞机工业公司和中国一航成都飞机工业公司同时实现零件开工；2005 年 12 月 31 日，中国一航第一飞机研究院完成了全部飞机结构图纸的发放。随后，ARJ 21－700 的机身、机头、机翼、机尾等重要部件相继完成研制，于 2007 年 3 月 31 日在上海飞机制造厂开始总装，并于 12 月 21 日成功总装下线。ARJ 21－700 支线飞机于 2008 年上半年首飞，2009 年第三季度交付用户，国人从此乘上有中国人自主知识产权的民用客机，实现了国人"中国人乘坐国产飞机"的梦想。

人类飞行的故事

军用飞机大全
JUN YONG FEIJI DAQUAN

　　军用飞机是直接参加战斗、保障战斗行动和军事训练的飞机的总称。是航空兵的主要技术装备。主要包括：歼击机、轰炸机、歼击轰炸机、强击机、反潜巡逻机、武装直升机、侦察机、预警机、电子对抗飞机、炮兵侦察校射飞机、水上飞机、军用运输机、空中加油机和教练机等。飞机大量用于作战，使战争由平面发展到立体空间，对战略战术和军队组成等产生了重大影响。

　　军用飞机主要由机体、动力装置、起落装置、操纵系统、液压气压系统、燃料系统等组成，并有机载通信设备、领航设备以及救生设备等。直接用于战斗的飞机，还有机载火力控制系统和电子对抗系统等。

　　1909 年，美国陆军装备了第一架军用飞机，机上装有 1 台 30 马力的发动机，最大速度 68 公里。飞机最初用于军事主要是遂行侦察任务，偶尔也用于轰炸地面目标和攻击空中敌机。第一次世界大战期间，出现了专门为执行某种任务而研制的军用飞机，例如主要用于空战的歼击机，专门用于突击地面目标的轰炸机和用于直接支援地面部队作战的强击机。现在随着科学技术的发展，军用飞机更是得到了前所未有的高速发展。成为一个国家武装力量的重要组成部分，成为决定一场战争胜利与否的关键因素。

概 述

军用飞机的分类，按用途可分为：战斗机（我国称歼击机）、攻击机（我国称强击机）、轰炸机、战斗轰炸机、侦察机、运输机、教练机、预警机、空中加油机、电子战飞机、反潜机等等。

目前西方国家将战斗机分为四代：

第一代：亚音速战斗机——代表机型：美制 F86、苏制米格 15、中国歼5 等。

第二代：强调超音速性能的战斗机——代表机型：美制 F4、苏制米格21、中国歼 7 等

第三代：强调多用途的超音速战斗机——代表机型：美制 F16、F15、苏制米格 29、苏 27 等。

第三代：强调隐身性能的多用途超音速战斗机——代表机型：美制 F22、F35。

在我国战斗机又称为"歼击机"，攻击机称为"强击机"，另从战斗机中分出"截击机"，但现在已很少使用"截击机"这一名称。

我国的国产军用飞机名称一般以其机型分类的第一个字再加上序号构成，如歼击机中有歼 5、歼 6；轰炸机中有轰 5、轰 6 等，我国已装备部队的各种机型名称如下：

歼击机（战斗机）——歼 5、歼 6、歼 7、歼 8、歼 10、歼 11 等；

强击机（攻击机）——强 5 等；

轰炸机——轰 5、轰 6、歼轰 7 等；

水上轰炸机——水轰 5；

教练机——初教 5、初教 6、歼教 5、歼教 6、歼教 7、k8 等；

运输机——运 5、运 7、运 8、运 11、运 12 等；

直升机——直 5、直 8、直 9、直 11 等；

我国的军用飞机序号一般从 5 开始，以上都是我国已投产的飞机型号，当中缺少序号的如直6、直7、运10 等机型表示该机已设计或试制成功，但因种种原因未投产。

在美国空军飞机种类中，攻击机的字母缩写为"A"，轰炸机的字母缩写为"B"，运输机的字母缩写为"C"，电子战机的字母缩写为"E"，战斗机的字母缩写为"F"，直升机的字母缩写为"H"，教练机的字母缩写为"T"，活塞式飞机字母缩写一般为"P"，侦察机字母缩写为"U"等等。

战斗机

战斗机亦称驱逐机，特点是机动性好，速度快，空战火力强，是航空兵空战和争夺制空权的主要机种。在飞机发明的初期，飞行员是不带武器、飞机上面也没有安装武器。当时，人们主要是利用飞机可以居高临下对地面情况一览无遗的特点，用来进行空中侦察的。敌对双方的飞行员在空中遇到，有时候还会挥挥手向对方致意。后来，有的飞行员就拔出自己随身携带的手枪，向对方飞机开火，从此人们厮杀争斗的战场，就延伸到了原来平静的天空中了。在第一次世界大战初期法国首次把飞机用于战争。而到了二次大战时，飞机已成为主要战斗工具之一，这时的歼击机速度达 750 千米/小时，高度 12000 米。在二次世界大战中比较著名歼击机有：美制 P–51、英制"喷火"、苏制拉—7、德国的 Me—109 和日本的"零"式等等。

从上世纪 50 年代开始，喷气机基本上取代了活塞式飞机。70 年代以来，各国都加紧研制机动性好、格斗能力强的新一代歼击机。如美制 F15B、F16 和法制"幻影"2000 等。我国研制了歼 5 型、歼 6 型、歼 7 型、歼 10 型等歼击机。

机动性是歼击机的重要性能之一，现代歼击机从 M0.9 增速到 M2.0 需 3 分钟，从海平高度爬高 10000 米需 1.5 分钟，低空盘旋最小半径 800 米，飞机载荷达 9，即飞机产生的升力可达到飞机自重的 9 倍。

歼击机攻击性能也大大提高，配有各种高射速机关炮、空空导弹、空地导弹、各种先进导航、制导电子仪器，命中率极高，而且可以全天候作战。有的飞机可以进行空中加油，加长了续航能力。提高歼击机短距起落性能，进一步减少对机场的依赖。提高电子干扰和反干扰能力，加强歼击战斗力。

二战战斗机

第二次世界大战中，前苏联涌现出一批优秀的歼击机。直到现在，这些歼击机的鼎鼎大名，仍然令航空迷们的回味无穷。

拉沃契金设计局成立于20世纪30年代中期。当时，在苏联政府发出"采取紧急坚决措施，巩固和发展国家的航空工业"的指示后，许多能为航空

拉式战斗机

服务的企业都转向飞机制造业。其中就有一家莫斯科郊外的家具厂也变成了有编号的国防企业。当时的苏联国防工业人民委员会于1937年6月1日颁发第0121号命令，命名该厂为301航空工厂。工厂利用部分专业加工设备，由人数较少但技术水平较高的工人和飞机工程师组成了一个航空试验设计局，开始根据别人的（国内的和国外的）设计图纸，小批量生产木质结构的飞机。

在拉沃契金、戈尔布诺夫和古德科夫三人被任命为设计局的领导之后，301工厂照搬别人图纸的生产即告结束。由于他们三人的创造性劳动，工厂变成了全新的航空企业，按照自己的设计图，生产自己的航空产品。1939年，设计师们提出了自己的高速歼击机设计方案 LaGG - 3。在进行样机的国家飞行试验时，LaGG - 3 达到了使用同类发动机的歼击机的最高飞行速度 605 千米/小时，因而投入了批量生产。飞机为全木质结构，机翼内装有燃料箱，五点式火力配备。到卫国战争开始时，苏空军已经装备了 300 多架这种飞机。

人类飞行的故事

卫国战争中的空战实践，为设计局指明了设计方向，即必须使用功率更大的航空发动机并改进飞机的气动结构形式。这时，设计局的领导只剩下拉沃契金一人。他在不停止生产前线必需的飞机的同时，开始转产新型飞机。1942年9月，La-5新型歼击机非常有效地参加了斯大林格勒保卫战。在库尔斯克前线的空战中，La-5飞机大大优于Me 109和Fw 190型德国飞机。1944年装备部队的La-7型飞机堪称二次世界大战中最好的歼击机之一。在二次世界大战期间，工厂先后向前线提供了22000架拉型飞机，即当时苏联空军每三架歼击机中就有一架是拉沃契金设计局的飞机。为此，总设计师拉沃契金和设计局联合体全体人员受到苏联政府的重奖。

拉式战斗机

LaGG-3是由拉沃契金率领V·戈尔布诺夫和M·古德科夫所组成的小组由LaGG-1发展而来的，而LaGG-1的原型机（当时称作I-22）则在1939年3月30日第一次试飞。这些飞机不寻常的地方在于全机都是用木头造的，机身蒙皮是西伯利亚桦木胶合板；机翼是木质两段式结构。所有活动翼面均为金属构架以布质蒙皮。有充惰性气体的自封油箱。LaGG-3 1600千米/时的最大速度以

拉式战斗机

及一门20毫米机炮、两挺12.7毫米机枪的火力堪称是1941年初世界优秀的战机之一。LaGG-3使用1240马力（925千瓦）M-105PF直列式发动机，性能有所提高。在德军进攻苏联时仍有两个航空团在使用老式LaGG-1战机，但在一年内便已有四个航空团配备了LaGG-3。他们的任务为对地攻击的IL-2护航，除了机身的机枪（炮）外，还有在翼下发射的六枚8.2厘米火箭弹或轻型炸弹。LaGG-3装有一具定速螺旋桨以及较易平衡的尾舵，在前线是十分普遍的机种。但是由于在野外机场液冷式的克里莫夫M-105PF发动机操作困难，于是拉沃契金决定换装空冷星型发动机。

在苏军从德军 1941 年的进攻中恢复以后要求先进装备的呼声越来越大。拉沃契金开始设计使用 1600 马力（1194 千瓦）M－82 气冷星型发动机的 LaG－5，最直接的改进便是将座舱后的机背削去一块以改善视野的 La－5。在大战结束前包含后来的 La－7 在内总共生产了 21975 架。La－5 第一次大量加入战局是在 1942 年 11 月的斯大林格勒之战，此种战机为低/中空战机，而在 1943 年 7 月库尔斯克的坦克大战中 La－5 机群扮演着坦克杀手的角色。盟军击坠数最高的战斗机飞行员伊万·阔日杜布于 1943 年 3 月 26 日至 1945 年 4 月 19 日之间所击落的 62 架敌机全都是在 LaG－5、La－5FN 以及 La－7 中所完成的。

米格战斗机

谈起俄罗斯著名的米格飞机设计局，航空爱好者们绝不会陌生，因为几乎自二战以来所有的空战中，都有这个以米高扬和格列维奇名字命名的飞机设计局的产品参与。

米格家族的第一个成员是米格－1 战斗机，在投入批量生产之前，该机研制代号为 I－200，为了能够更好地完成该计划，前苏联当局决定成立一个由米高扬领导的新设计局。

I－200（米格－1）战斗机

I－200 采用了混合结构，前机身由空心桁架焊接而成，采用硬铝蒙皮。AM－35A 发动机在海平面高度时功率 1350 马力（1 马力约为 735 瓦），在 6000 米高空时功率为 1200 马力。机身两侧分布两个水冷散热器，座舱下有一个油散热器。座舱的基本结构由空心桁架焊接而成，并通过三个螺栓固定在机身上。飞机的后机身是由松木翼梁和胶合板构成的木制硬壳式结构。

1940 年 10 月，正当 I－200 还在进行改进工作时，第一批 25 架预生产型已经建造完毕。由于当地天气恶劣，这批飞机不得不被送往驻扎在埃夫帕特

人类飞行的故事

利亚的第 146 战斗机团进行适应性飞行。苏联空军科学研究院的老牌试飞员 S·萨普伦以及来自第一飞机厂的工程师尼吉特申科和试飞员 A·卡莱夫参加了参加了在第 146 战斗机团的试飞。试飞证明了 I-200 是一种高性能战斗机，1940 年 12 月，I-200 被正式命名为米格-1 战斗机。就此，米格战斗机揭开了自己辉煌历史的第一页。

米格-21 战斗机

米格-21 被称为空中的"AK-47"步枪，结实可靠，性能优良，成本低廉。生产了 1 万多架，一度成为五十多个国家空军的主力机型。对抗北约五十年，参加过三十次军事冲突，喻为"冷战"象征。2008 年年底，作为冷战的一个象征，在与苏联的主要对手——北约的对抗前线服役了 50 年后，米格-21 战机退役。

米格-21 是根据朝鲜战争中喷气战斗机的空战经验研制而成，其飞行速度为 2 马赫，轻巧灵活。米格-21 是一种气动外形良好的轻型

米格-21 座舱布局

单座单发战斗机，采用三角机翼设计，雷达天线安装在进气口中央的可调节锥体内，进气道前端很薄，以适应两倍以上音速的高速飞行。

米格-29"支点"战斗机

米格-29 是前苏联米高扬设计局研制的双发高机动性超音速战斗机，可执行截击、护航、对地攻击和侦察等多种任务，用于取代前苏军的米格-21、米格-23、苏-15、苏-17 等战斗机。北约组织给予的绰号是"支点"。

米格－29

该机于 20 世纪 70 年代初期开始研制，原型机于 1977 年 10 月 6 日首飞，1982 年投入批量生产，1983 年进入前苏军服役。该机采用全后掠下单翼，双垂尾正常式布局，带有较宽的机翼前缘边条，边条翼上有百叶窗辅助进气口，正面进气口内有可启闭的门以防止外来物在起落时进入发动机，液压助力机械式操纵系统，全金属半硬壳式机身，复合材料结构占全机重量的 7%，整机推重比大于 1。该机是针对美国的 F－16 和 F－18 设计的，设计重点是强调高亚音速机动性、加速性和爬升性能，但不具隐身能力，为典型的第三代战斗机。该机具有多种改型，包括米格－29A，陆基单座双重任务型；米格－29UB，战斗教练型，机头雷达换成雷达测距仪；米格－29C，A 型改进型，座舱后的上机身曲线更陡；米格－29D，舰载型，起落架加强，机翼可向上折叠，内部载油量增大，安装了新的红外搜索跟踪系统，可空中加油。至 1995 年 4 月，该机已生产 1200 多架，除装备独联体国家外，还出口到印度、伊拉克、伊朗、朝鲜、罗马尼亚等国家。

"喷火"式战斗机

二次世界大战全面爆发后，为了应付德国空军日益严重的威胁，英国航空部需要一种新型的截击机。当时，皇家空军最快的截击机时速在 350 千米左右，而为了拦截德国正在研制的新型飞机，截击机的时速至少要达到 480 千米。

英国"喷火"式战斗机

"喷火"的诞生就源于此。

最初，新战斗机的武器是机翼上的 4 挺机枪，后来，为了保证在一次标准的 3 秒点射中造成致命的杀伤，机枪的数目增加到了 8 挺。"喷火"的新式结构，特别是那革命性的机翼结构，在批量生产时带来了无数麻烦。而得益于简单的结构，"喷火"的竞争对手——"飓风"的产量则要高得多。直到 1938 年年中，"喷火"才开始批量生产并交付皇家空军。

现在听起来或许有些令人难以置信，在装备了"喷火"式后，很多飞行员居然感到新飞机难以适应——那些习惯了开放式座舱的飞行员觉得封闭式的座舱会引起幽闭症，于是他们总是大开着舱盖。此外，这些飞行员一开始还不熟悉可收放式的起落架，他们常常在降落时忘记放下机轮，引发了无数

19 中队的另一架"喷火"Mk I，这种敞开式座舱的魅力的确难以抵挡

事故。其实飞机上已经配备了警告喇叭，但由于这个喇叭在飞机震动比较剧烈的时候会自动鸣响，飞行员总是把它给关掉。在跑道上滑行时，为了越过长长的机鼻看到前方，飞行员要把机尾摆来摆去走之字形路线。较小的轮距加上有点脆弱的起落架，使"喷火"在横风降落时有些危险。不过，总的来说，一个水平中等、接受过全面训练的战斗机飞行员就可以安全地驾驶它。新飞行员飞"喷火"前先要在"教师"和"校长"教练机完成基础训练，并在作战训练分队进行短期的轮值，经验丰富的飞行员则直接在中队进行换装。

飓风式战斗机

飓风式战斗机也是二次大战中闻名遐迩的战斗机。它的名气，首先出在曾惨败给诞生于同一时间的对手，接着又因战功赫赫而名声大噪。20 世纪 20

年代英国空军一份报告提出：时速超过 300 千米的战斗机很难编队飞行，也不能作剧烈的机动动作，因为过载会大得令飞行员无法忍受，再加上"单翼机不安全"的著名研究报告，令英国空军的首脑人物一直对单翼战斗机持怀疑态度。

但霍克飞机公司的肯姆爵士富有远见地坚持设计单翼战斗机，并争得军方的采纳。在设计过程中，肯姆爵士把飓风战斗机原计划采用的苍鹰发动机和固定式起落架改为马力更大的灰背隼 PV12 发动机和收放式起落架，并将作为主要装备的 4 挺机枪增进至 8 挺。此外，飓风还采用了许多当时属十分先进的技术，如流线型的机身，前半部覆以全金属蒙皮。密封式座舱盖向后滑动打开，方便飞行员跳伞时的紧急脱离。首架飓风式战斗机在 1935 年 11 月试飞成功。

在 1940 年 8 月的不列颠空战中，人们的注意力都被性能更好，足以和梅塞施密特 109 匹敌的喷火式战斗机所吸引，因此飓风式战斗机的功绩往往被忽视。实际上当时英空军中飓风式战斗机共有 32 个中队，而喷火式只有 19 个中队，飓风式仍然是英军战斗机部队的主力。

飓风原型机，特征是两叶螺旋桨

当喷火式与德军护航的梅塞施密特 109 纠缠时，飓风式则乘虚攻击笨重的德军梅塞施密特 110 双引擎战斗机和轰炸机。纵观整个不列颠空战战役，飓风式击落的敌机比英军其他任何一种战斗机都多，功不可没。

之后，飓风式主要用作战斗轰炸机使用，猎杀法国境内的地面目标。在北非，飓风式装上 40 毫米机炮，专门攻击隆美尔率领的非洲军团的坦克，也取得了显赫战绩。

从 1941 年开始，英国海上运输船队频频遭到德国"U"型潜艇和 Fw200 远程轰炸机的袭击，为保护性命悠关地海上运输线，英军把飓风做一些改动后成为"海飓风"配置在匆忙加装弹射装置的商船上。执行战斗任务时，将海飓风用弹射装置弹射出去；完成任务后再迫降在海面上，由其他船只设法把飞行员救起。后来才对海飓风再加以改进配备于英海军的航空母舰上。在1942年8月护送赴马耳他岛船队的战斗中，70架海飓风迎战总数超过600架的轴心国机群，取得击落39架而自己只损失7架的出色战果。

至大战结束，英国和加拿大共生产了14231架飓风式战斗机，有2952架依租借法案输往苏联，但其中相当一部分损失于海上运输途中。

无畏式战斗机

提到飓风，就不能不提一下与它甚有渊源的"远房兄弟"——无畏式战斗机。20世纪30年代后期，单翼机和动力操作炮塔成了飞机设计上两股非常时髦的潮流。在英国空军的要求下，以研制飞机枪炮而闻名的波尔敦·保罗公司设计出这型一改传统的"无

无畏式战斗机，与飓风相比，更像一种对地攻击机

畏"式战斗机。它唯一的火力配置是装在驾驶舱后方的一个液压驱动炮塔，其上装有4挺7.7毫米机枪，由坐在炮塔里的射击手用手柄操纵，火力范围覆盖整个上半球。该机于1937年8月试飞成功，至1940年已组建一个中队。

1940年5月，派驻法国的无畏式战斗机开始与德军战机发生空战。因为无畏式的外形与飓风式十分相似，德军战斗机按惯例从英机尾部进入攻击。谁知这正是无畏式最好施展火力的方位，当德军飞行员为即将到口的猎物而暗自欣喜的时

无畏式战斗机侧面图

候，突然遭到四挺机枪的迎头痛击。这招"拖刀计"使得颇为成功，在头3个星期里无畏式共击落了65架德军飞机。但很快德军就发现上当了，立刻改用新的攻击方法，从无畏式的后下方进入，这正是它的火力死角。背负两名飞行员和一个沉重的炮塔，令无畏式的机动性极差，无法与梅塞施密特109对抗。经历了惨重的损失后，无畏式不再在昼间升空，与德军战斗机正面交锋，而改作夜间战斗机，截击趁黑轰炸伦敦的德国轰炸机。这下它又能发挥自己的特长，悄悄地飞到轰炸机的腹部，突然用4挺机枪给它来个开膛破肚。

多面杀手——蚊式战斗机

"蚊"式飞机，是英国德·哈维兰公司研制的一种全木质结构的作战飞机，它与"喷火"、"飓风"和"兰开斯特"并称为英国二战期间的四大名机。在这四大名机当中，"喷火"和"飓风"是标准的战斗机，"兰开斯特"是典型的轰炸机，它们都是单一用途飞机。而"蚊"式飞机既可用于空战，又可用于对地轰炸，还能遂行航空侦察等多项任务，因此被称为"空中多面杀手"。

"蚊"式飞机设计构思奇巧，性能优良，曾被大量生产并参加过许多重要战事。它不仅击落过大量的德机，而且轰炸过许多重要军事目标，为反法西斯战争胜利作出了卓越贡献。它虽出身名门，却险些夭折；虽是木质结构，却能耐非凡。它采用上单翼，机翼靠前配置，其前缘平直，后缘前掠，平面形状呈梯形。两台发动机被安置在两翼内侧，发动机之间的机翼前缘向前延伸。机头呈半纺锤形，后机身呈细长锥体，垂直尾翼和水平尾翼组成倒T形状。该机外形特征颇像蚊子，因此获得了"蚊"式飞机的绰号。

20世纪30年代后期，作战飞机向全金属半硬壳结构方向发展，成为一种趋势。而"蚊"式飞机却采用了与众不同的木质硬壳结构，给人一种感觉这似乎是历史的倒退，然而这恰恰是"蚊"式飞机在设计上的奇巧之处。

"蚊"式飞机的机体材料主要是枞木和云杉，机身前部外壳用较厚的层板制成，内有木质的加强件和金属连接件。座舱后面的细长机身看起来很脆弱，似乎容易被折断，但德·哈维兰巧妙地在其中加了一层特殊的夹心材料，即在两层层板之间充填了一种称为巴尔沙木的松软木料，从而使后机身成为一段具有足够抗扭强度的夹心结构。这种夹心结构可以看做是现代飞机蜂窝夹层结构的雏形。"蚊"式飞机的机翼也是全木质结构。翼梁为盒形结构，翼肋由木质构架与层板组合而成。上翼面是夹层蒙皮，下翼面是层板蒙皮。两翼前方有安装发动机的固定架，机翼内能容纳 8 个燃料箱。木质襟翼由液压系统传动，只有副翼是金属结构。方向舵上装有自动偏转器，由动作筒驱动。

"蚊"式飞机的战术性能，在当时是属于一流的。机载武器为 4 门 20 毫米机炮和 4 挺 12.7 毫米机枪，另可携带 907 千克炸弹。直到今天，不少飞机设计师仍把"蚊"式飞机，视为木质硬壳结构飞机的经典之作。实战证明，"蚊"式飞机虽为木质结构，但战场生存能力比较强。其最大优点是单发性能较好，即使一台发动机损坏，仍然可以利用另一台发动机返航。

由于"蚊"式飞机既可用于轰炸，又可用于空中歼击，因此历史上曾有人将其称为战斗轰炸机。如果是这样的话，

蚊式战斗机模型

它应该是世界上第一架战斗轰炸机；至少它是现代战斗轰炸机的雏形。由此不难看出，"蚊"式飞机为后来作战飞机的发展，确实起到了相当大的影响和作用。

我人民空军建军初期也装备有"蚊"式战斗机，为共和国初期的防空作战做出了巨大贡献。

F6F——恶妇 Mk. I

一开始，英国海军的 F6F – 3 被重编型号为塘鹅 Mk. I，装备给英国海军 800 舰载战斗机中队，后又改称为恶妇 Mk. I，F6F – 5 则是恶妇 Mk. II。恶妇 Mk. I 与标准的 F6F – 3 并无二致，恶妇 Mk. II 在 F6F – 5 基础上改进了发动机

注水加力装置、重新设计了发动机导流罩和副翼、加强了座舱装甲，并抛光机身蒙皮。这样恶妇 Mk. II 的最大速度和机动性比 F6F－5 稍好，最大速度达到 644 千米/小时。英国海军也获得过 70 架 F6F－5 夜战型，重编号为恶妇 NF. MkII。

F6F 可以说是针对零式研制的一种空中优势战斗机，在珍珠港事件后格鲁曼重新审视了以往的空战概念。他们发现零式虽然发动机马力不大，但是翼载极低，机身

英国海军的 Hellcat MK. I

很轻，所以机动性很好。格鲁曼也在 F6F 中引入了低翼载轻机身的概念，在减轻结构重量上大下功夫，翼面积达到 31 平方米。翼面积的增大势必会增加阻力，所以格鲁曼为 XF6F－3 安装了普惠公司著名的"大黄蜂" R2800－10 发动机。这种发动机除了功率大外，另外带来的好处是体积较小，使座舱到机头有 3 度的下倾角，这对于舰载战斗机来说，良好的前下方视野特别利于舰上起降，钱斯·沃特公司的 F4U 海盗、F6F 的竞争者，由于座舱位于机身后部，着舰时飞行员看不到前下方，初装备时发生过几起着舰事故。于是海军将这种战斗机转交给海军陆战队在陆上机场使用，F6F 成为了当时美军的航母标准舰载机。

为了进一步降低阻力，F6F 机身蒙皮使用平头铆钉铆接，机身外表光洁，英国使用的恶妇 Mk. II（F6F－5）甚至进一步进行了蒙皮抛光。这样这种低翼载大马力的战斗机理所当然地获得了极佳的机动性，美国依托强大的航空工业迅速获得了对付日本零式战斗机的利器。

某日的黄昏，一个恶妇编队巡逻至关岛附近，发现日本占领的关岛奥若特机场上空有 49 架日本舰载机盘旋进入着陆航线。他们跟在这些飞机后并未被发现，并将其中的 30 架逐个击落，剩下 19 架也被击毁在跑道上。另一次是一位恶妇飞行员将他的副油箱准确地投在一架零式上，将其"砸落"。

日本飞行员一开始以为这只不过是 F6F 的一种改进型，但吃过苦头后他

们发现这是一种全新的、比零式更优秀的美国战斗机。F6F 的座舱装甲和自密封油箱使它能经受住零式 7.7 毫米机枪弹丸的射击，与零式相比，F6F 在速度、火力、垂直机动上占优，续航力、盘旋性能处于劣势。零式占优的地方在于小半径转弯与盘旋，零式被恶妇追尾后常使用小半径跟斗摆脱，有时还能反咬住恶妇。在 3000 米以下零式略占优势，但在 5000 米以上零式动作变得僵硬，成为恶妇的活靶子。战争后期，F6F - 5 已经能够切入正在急转的后期型零式内圈，一方面与 F6F - 5 的机动性改进有关，另一方面也与后期型零式追求提高速度而机动性下降有关。

1944 年 6 月，美国进攻日军在太平洋上的据点——马里亚纳群岛。6 月 19 日，太平洋战争中最大的空战爆发了，F6F 与数种日本飞机展开激战。打退了日本战斗机和轰炸机的四次连续进攻，美机损失 26 架，日机则损失 336 架。此役就是"马里亚纳猎火鸡"之战。

1945 年，战争的最后几个月，日本海军已经荡然无存，无所事事的 F6F 机队通常只能执行一些武装侦察或搜索任务。在这些任务中，F6F 通常在机腹下挂载 1 枚 900 千克炸弹或在机翼下挂载 6 枚火箭弹，一旦发现日本的军舰、商船，就给予无情地打击。

在二战众多战斗机中，F6F 恶妇创造了一项不可能超过的纪录：在不到 2 年的时间内，共击落 5155 架敌机，占美国海军和海军陆战队飞行员击落的 6477 架敌机中的 80%。

美国战斗机

线条优美的 P - 40 战斗机的历史可以一直追溯到 1934 年出现的 P - 36 战斗机。

1934 年 11 月，寇蒂斯公司开始着手设计一种悬臂式下单翼，向后收放的起落架和全金属应力蒙皮结构的战斗机，寇蒂斯称其为鹰式。在通过陆航队的测试之后，便以 P - 36 的编号投产，成为当时速度最快的美国战斗机。它的外销型霍克 - 75 大量销往中国、法国、英国和芬兰。二战初期相当活跃，当时的中国空军英雄高志航等就是驾驶霍克 - 75 等飞机与侵华日军飞机搏击，严厉打击了侵华日军飞机的嚣张气焰，捍卫了祖国领空。其中英国空军称这种飞机为"莫霍克"。

虽然 P－40 不是当时美国最先进的飞机，但可以较快地投产，价格也相当便宜。而洛克希德飞机公司和贝尔飞机公司的 P－38 和 P－39 直至 1941 年才能投入批量生产；而共和公司的 P－43 虽然有与 P－35 相似的机体，但必须等到工厂

修改过的 XP－40，扩大了机头散热器，并取消了腹部散热器

扩建后才能投入生产。为了满足法国的霍克－75 订货，寇蒂斯公司的工厂已经扩建过，因此在 1940－1942 年间，寇蒂斯生产了美国战斗机中的大部分。P－40 飞机基于已经批量生产的、经过实战考验的 P－36 机体，所以价格低、交货快。当其他任何一种飞机交付 5 架时，它可能已经交付 500 架了。另一方面，洛克希德的 P－38 战斗机比同时期的美国战斗机、甚至英国的"喷火"战斗机都要先进得多，但要经历 4 年的时间后，才能真正担负战斗任务。所以，P－40 成为美国唯一能大量装备的主力战斗机。

飞虎队涂装的 P－40E

陆航在 1939 年 4 月 27 日订购了生产型的 P－40，绰号定为"战鹰"。首架 P－40 于 1940 年 5 月出现，装一台 V－1710－33（艾利森 C －15）发动机。它与 XP－40 的区别是：在机头上部有个很长的汽化器进气口，并且排气管、散热器和起落架做了一些改动。最初的 200 架 P－40，只有两挺 12.7 毫米协调式机枪，在 4570 米高度上的速度为 573 千米/小时。

另外英国移交给中国的 100 架 P－40C（战斧），被部署在中国云南，并

人类飞行的故事

由著名的飞虎队用于抗击日本，由于战术得当，所取得的战绩比当时在菲律宾作战的美国陆军航空队要好得多。

F4F 舰载战斗机

太平洋战争前期，美国海军不得不以在速度和灵活性皆处于劣势的 F2A 水牛和 F4F 野猫对抗日军的零式战斗机。F4F 野猫是战前由格鲁曼飞机厂研制成功的美国海军第一代全金属单翼飞机，并成为后来久享盛名的"猫"族海军飞机的第一种型号。当 1943 年被 F6F "泼妇"取代时，F4F 继续被轻型航空母舰使用，直到战争结束。这种短粗的小飞机是美国海军在战争头一年的主要战斗机。野猫式战斗机随同航母编队转战珊瑚海、中途岛、所罗门群岛等等战场，为海军立下了汗马功劳。

尽管 F4F 不是零式战机的对手，但生存能力还是较强的。由于它坚固的结构和质量，使飞行员在危机中往往能安然逃脱。

F4U 舰载战斗机

作为二战中最杰出的舰载战斗机，F4U "海盗"已经成了传奇（晚期机型参加了朝鲜战争，是当时海航最快的飞机）。由于弯曲的鸥型翼和高杀伤率，它被日本人称为"死亡的口哨"。"海盗"是美国第一种超过 400 千米/小时的战斗机，作为美国海军的第一线作战飞机，它比 F4F "野猫"有更好的表现。不幸的是，因为它的"长鼻子"限制了飞行员的能见度（尤其是在起飞和降落时），它被海军指挥官认为不适合在航母上作业。根据惯例，当海军认为自己的飞机不是那么好时，它们往往就转给海军陆战队。"海盗"被限制在陆基飞行，为海军陆战队提供空中支援。海军陆战队非常高兴有热门的新式战机替换老旧的"野猫"。不久之后，"海盗"也对所有人证明了它的能力。在二战的晚期，"海盗"作了一系列的改进使其能在航母上安全着陆。"曲翼鸟"在最后的几个月中，帮助阻截了大量的日本神风战斗机。

F4U 战斗机加速性能好，火力强大，爬升快，坚固耐用，机型凶猛粗犷，总体性能超过著名的日本"零"式战斗机，是二战初期美国空军的主力。

F4U 战机翼展 12.47 米, 机长 10.16 米, 机高 4.6 米, 起飞重量 6350 千克, 最大平飞速度 684 千米/小时 (高度 6100 米), 升限 11280 米, 航程 1635 千米, 爬升率 867 米/分。装 6 挺 12.7MM 机枪, 可挂装 2 枚 450 千克炸弹或 8 枚火箭。

F6F "泼妇" 战斗机

F6F 成为格鲁曼 "猫" 族飞机之第二代 (第一代为 F4F "野猫")。许多美国海军飞行员都称 "泼妇" (也称地狱猫) 为 "铝坦克"。六挺 0.50 英寸 (约为 1.27 厘米) 勃朗宁 M2 机枪, 当进行暴风雨般攻击的时候, 没有日本飞机能够逃脱被摧毁的命运。战后, 日本飞行员谈到他们战时的恐惧与绝望的时候, 总是会提起 "泼妇"。

另一方面, "泼妇" 可以经得住重创并仍能把飞行员带回航母。飞行员经常的口头禅是 "这是一种多孔的飞机" 和 "通过孔洞的空气比通过飞机周围的多"。曾经有一架 "泼妇" 在着陆到航母以前已经燃烧了数百英里 (1 英里约为 1.6 千米)。海军第一王牌, 戴维·麦克坎贝尔曾经说, 他曾经看见 "双黄蜂" 发动机里的活塞和联动装置到处乱飞的 "泼妇" 仍能够飞回航母。

野马战斗机

P-51 野马战斗机是二战中盟军最优秀的战斗机之一, 也是盟军制空权的象征, 击落了 4950 架敌机, 占美国陆军航空兵在欧洲上空击落总数的 48.9%, 并击毁了 4131 个地面目标, 另外还击落了超过 230 枚 V-1 飞弹, 甚至还击落了德国空军最精锐的喷气式战斗机。战争中美国总计生产了 15575 架的野马, 仅次于 P-47 雷电, 另外澳大利亚按许可证生产了 100 架。由于生产数量的庞大以及卓越的设计, 野马战斗机战后在一些国家一直服役到 20 世纪 80 年代, 并且民间至今还保有 150 余架能飞的野马, 使我们还能不时看到这种二战名机的身影。

野马采用了一种特殊的 NACA 层流翼型, 最大厚度位置比普通翼型靠后,通常在弦长的 50% 而不是通常的 20%。翼剖面曲度很小，上下几乎对称。这种翼型更加"光滑"，高速时比传统机翼的气动阻力更小，但在低速时升力也更小，所以 NA－73X 必须安装大而强力的襟翼保持较低的着陆速度。

梅塞施密特 Me 109 战斗机

梅塞施密特 Me 109 战斗机是二战中最著名的战斗机之一，也是德国生产数量最大的战斗机和型号最多的战斗机。从 1935 年试飞到 1967 年正式退役，它成功地证明自己可以胜任所有可能的使命，不管是截击、支援、夜间战斗、或是侦察、护航和地面攻击，梅塞施密特 Me 109 都是二战德国空军的支柱。

设计 Me 109 时，用到了许多在当时最新、最先进或者说最前卫的技术，包括下单翼，全金属蒙皮，窄机身，可回收起落架，封闭式座舱等等。这些技术已经分别在别的机型上得到了验证，但从未被集中起来运用过，结合使用的后果并非一加一等于二那么简单。毫无疑问的，梅塞施密特冒着极大的风险，更确切地说，是孤注一掷。与后来的辉煌战绩相比，谁能想到，梅塞施密特 109 问世的时候，根本就是一种没人要的战斗机。

Fw 190 战斗机

Fw 190 是二次大战期间德国最好的战斗机之一。它达到了一个新的水平，直到战争结束都是其他竞争对手追逐的对象。Fw 190 所有型号总产量高达 20，000 架以上，因此成为决定德国空军战斗力和作战效率的一个重要因素。

Fw 190V1 的风洞模型

Ba 349 "蝮蛇"——截击机

1944 年春，盟军开始对德国本土实施纵深轰炸，德国各大工业城市均不能幸免。更糟的是，面对数以千计的 B－17 轰炸机及其性能优异的护航战斗机 P－51，德军的活塞式战斗机显得越来越力不从心了，除了继续研发喷气式战斗机，德军急需一种更高效而廉价的截击机。德国航空部的要求是操作简单、廉价，且能在发现轰炸机群后起飞，并能在轰炸机达到轰炸目标前进行截击，看来只有火箭推进的飞机能够做到。不久 BP20 得到了航空部的编号 Ba 349，并得到了绰号：Natter（意为蝮蛇）。

Ba 349 很快就生产出来，因为当时金属材料十分匮乏，加之为了提高机动性，机体绝大部分为木质结构，但驾驶舱仍有装甲保护。其机身为圆柱形，短而平直的机翼上没有任何操纵面，而全都在呈十字形的尾翼上（所以称它为火箭也许更适合）。Ba 349 使用一台赫尔穆特·瓦尔特公司的瓦尔特 HWK 109－509A 液体燃料火箭发动机（Me 163 也使用相同的引擎），其燃料箱位于机身中部：分别为 T 燃料箱（过氧化氢和稳定剂）和 C 燃料箱（肼/甲烷的水合物），这两种燃料一旦混合就会自燃，加之有很强的腐蚀性，所以必须十分小心。为了增加起飞速度，Ba 349 还使用了 4 个斯密丁 533 固体助推火箭，这使

Ba 349 **简单的仪表**

Ba 349 能在 60 秒内达到 11000 米的高度。武器方面，原计划装备 2 门 30 毫米 Mk108 航炮，但很显然，德国人也知道 Ba 349 的性能远不及盟军的护航战斗机，所以只装备了威力强大的火箭弹，以便更有效地对付盟军的轰炸机。

Ba 349 在发射前要竖起 24 米高的发射架，翼尖和腹翼被固定在导轨上以便控制发射姿态。飞机的操纵系统和可操纵面在发射时将被锁住，直到 10 秒后助推火箭烧完并被爆炸螺栓炸离机身。这时操纵系统被打开，地面通过无线电控制飞机爬升，当然飞行员可以随时接管控制权。Ba 349 爬升到接近

10000 米时，飞行员控制飞机下降并接近敌方的轰炸机编队（美军一般在6200－9400 米的高度接近轰炸目标），当距离轰炸机 1.6－3.2 千米时，飞行员抛开机头锥，齐射 24 发亨舍尔 Hs217"焚风"式火箭。由于燃料也快用完了，Ba 349 下降到 1400 米，飞行员使用爆炸螺栓将飞机从机身中部的连接部炸断，带有发动机的后部机身通过自动打开的降落伞安全降落地面，这样最为宝贵的发动机就可以再次利用。而飞行员则须等一会儿才能爬出座舱，以免被尾翼击中，飞行员打开自己的降落伞，前部机身则被抛弃。

慕尼黑博物馆的 Ba 349A－1 复制品

Ba 349 总共生产了 36 架，包括 3 架 B 型（换装了推力更大，续航时间更长的瓦尔特 HWK109－509C 型发动机，使用 2 组固体火箭助推器替换了 4 个斯密丁 533 固体助推火箭）。Ba 349 共进行了 25 次发射，包括 7 次载人发射。

1945 年 4 月，10 架 Ba 349A 早期型蝰蛇被部署在斯图加特附近，等待盟军的空袭。但由于盟军地面部队的逼近，德军不得不在这些截击机被虏获之前将其摧毁。

但盟军仍至少发现了 3 架蝰蛇。其中 1 架被苏军得到，另 2 架（包括一架 Ba 349B）于 1946 年运到美国，A 型在加州的莫洛克陆军基地（现在的爱德华空军基地）进行了发射，但在发射后 3 分钟就在空中爆炸，残骸落在拉斯维加斯附近的一家杂货店里。B 型则被运到印第安纳州的福里曼试验场解剖，1949 年美国航空博物馆接收了这架蝰蛇。另一架现存的蝰蛇是 A 型，现在慕尼黑的德意志博物馆。

Ba 349 之所以采用空中解体的回收方式，主要是为了节省燃料，并适应

"全民"作战的需要。当时的"老鸟"已经是十分稀有，当然不可能派他们去驾驶如此危险的截击机。党卫军希望让大批只受过最基本训练的"菜鸟"飞行员来驾驶 Ba 349，起飞和着陆自然是最棘手的部分，Ba 349 正因为不需要起飞和着陆的技术，而受到党卫军的青睐。但让"菜鸟"来驾驶 Ba 349 看来并不是明智的做法，这种几乎是自杀的做法甚至还不如神风特攻队。

三菱 A6M 零式战机

撇开政治和情感因素来看，三菱 A6M 零式战机是太平洋战争初期最好的舰载战斗机。它是第一种性能全面超过陆基战斗机的海军舰载飞机。在珍珠港事件后的六个月中，零式战机在与盟军的陆海基战斗机的作战中取得了令人炫目的战绩，它优异的机动性和杰出的续航能力是战争初期的制胜法宝。

二战中零式战机参加了日海军的所有主要行动，从珍珠港到 B-29 轰炸日本本土，生产一直持续到战争结束。三菱和中岛公司一共生产了 10449 架，是所有日本战机中生产数量最多的。

零式战斗机的"零"代表日本纪年 2600 年。

1937 年 10 月，日本海军参考了在中国战场的实战报告后，发布了规格书的修订版：要求最大时速超过 500 千米，航程 3000 千米，能在 3 分 30 秒内爬升至 3000 千米高空，机动性不低于 96 式，武器要求装有 20 毫米机关炮 2 门、7.7 毫米机枪 2 挺；另外必须装备一套完整的无线电设备，其中包括一具无线电测向仪。

1940 年 8 月 19 日，12 架 A6M2 首次参战，为 50 架轰炸重庆的三菱 96 陆攻护航，未发生空战；1940 年 9 月 13 日，进藤三郎上尉率 13 架零式与保卫重庆的 27 架中国空军波利卡波夫 I-15、I-16 战斗机空战，老旧的 I-15、I-16 无力抵挡，损失惨重。在接下来的几个月中，零式共击毁 99 架中国飞机，自身仅有 2 架因为地面起火而损失。

在零式投入中国战场一年后，由于无法从战场上搞到一架零式甚至是残骸，中国空军仍无法一窥零式的奥秘。克莱尔·李·陈纳德，著名的飞虎将军，当时作为美国陆军航空队退役军官来帮助重组士气低落的中国空军。他注意到中国战场上出现的日本新式战斗机，并立即向国内报告，但这份报告没有引起当局的重视，盟军仍然对零式一无所知。

1941年12月7日，日本偷袭珍珠港，太平洋战争爆发。这时的日本海军已经拥有超过400架精锐的零式，大多数是21型。在偷袭珍珠港作战中，零式从航母起飞，为第一波攻击的B5N2—97式鱼雷机和D3A1—99式俯冲轰炸机护航，掌握制空权后，零式也扫射机场跑道、防空火力点和其他一切目标。零式在空战中击落了4架美国战斗机，还给珍珠港的地面设施造成了极大的破坏。此役中日本损失8架A6M2，大多数是被对空火力击落的。

太平洋战争第一年中，美国海军的标准舰载战斗机是格普曼F4F野猫式。A6M2与F4F相比，无论在速度、爬升率和机动性上都全面占优，但野猫的火力更强，机体更坚固；两者的俯冲速度旗鼓相当。A6M2的翼载很小，转弯半径比野猫小得多，这使得A6M2在空战中能抢先占位，击落野猫式。12月8日，日本进攻美军威克岛，8架野猫被摧毁于地面。剩下的野猫英勇抵抗了两星期，粉碎了日军数次空中攻击和一次海上入侵。不过，他们被占优势的日军战斗机所压倒，12月22日，美军损失了最后两架野猫。

珍珠港事件的后一天，12月8日，驻台南的日本陆基航空兵大举空袭菲律宾。84架A6M2护送54架G4M11式陆攻和54架G3M296陆攻袭击了克拉克机场，美军飞机紧急起飞迎战，被击落15架，另外还有50架被摧毁于地面。一天内日军就基本消灭了美国在菲律宾的空中力量！这次奇袭中，零式采用低速省油飞行方式，直飞菲律宾，美军完全没想到日本已经拥有了续航力如此强大的战斗机，大为震惊。在菲律宾上空首开纪录的是坂井三郎下士，击落一架柯蒂斯P-40，这已是他的第三战绩了，前两次战绩是在中国战场取得的。两天后，坂井又击落了一架B-17轰炸机。到12月13日为止，美军大势已去，A6M2开始使用机关炮扫射地面目标，仅仅3天，零式就掠取了菲律宾的天空。

在三个月内，日本海军的200架A6M2在与荷兰、英国、美国、澳大利亚的水牛式、CW-21B、霍克75A、P-40战斗机的空战中大获全胜。一是由于零式的杰出性能，二是由于日本有在中国战场实战过的飞行员，作战经验丰富。1942 年 3 月 8 日荷兰停止抵抗。随后零式开赴新几内亚和所罗门群岛，在这里 A6M2 除了 P－40 战斧式外，还遇到了贝尔 P－39、P－40 飞蛇式陆基战斗机。P－39 飞蛇式的表现令人汗颜，坂井三郎吹嘘道：任何稍具经验的飞行员驾驶零式都能轻易击落 P－39。

在那段日子中，盟军唯一的亮点就是飞虎队——美国志愿航空队。1941 年 12 月 20 日，日军空袭昆明时，飞虎队首次参战。飞虎队的 P－40 都绘有吓人的鲨鱼嘴，借以打击日军飞行员的士气。P－40 机动性不如 A6M2，但平飞速度要快些。利用这项优势，飞虎队采用高速俯冲，打了就跑的战术，避免与零式纠缠。在飞虎队并入第 14 航空队前，他们已经摧毁了 286 架日本飞机（包括空中与地面的），自己仅损失 13 名飞行员。

1942 年 6 月 3 日，古贺忠义下士驾驶 A6M2 从部署在阿留申群岛附近的龙骧号航母上起飞，此行的目的是袭扰荷兰港。袭扰遇到的抵抗甚微，但在返航途中古贺发现了机身油箱上有两个弹孔，并且还在不断漏油。由于燃料不够，他只能迫降在阿库坦岛上的沼泽中。迫降中飞机翻了身，飞机只是有些轻微损伤，但倒霉的古贺下士却因脖子折断而丧命。5 个星期后，一支美国海军的侦察部队发现了这架倒扣在沼泽中的日本飞机，死去的飞行员仍被绑在座椅中。古贺的 A6M2 仅仅轻微损伤，被仔细包装后用船运回美国本土。

古贺的零式经修理后能够重新飞行，这可以称得上是美国在太平洋战争中最重要的情报收获之一。欣喜的美国人对它进行了彻底地分析，分析结果表明零式有很好的爬升率，能轻易超过 F4F 和 P－40，航程也优于盟军任何一种战斗机。零式具有卓越的机动性，在低速时与零式进行格斗无异于自杀；但在高速时就不一样了，这时零式机动性急剧恶化，副翼僵硬，动作困难。美国人还发现了零式机翼结构存在严重缺陷，俯冲速度受到限制。被咬住的零式能通过做高速俯冲或者小半径转弯轻易摆脱，所以盟军飞行员一定要保持高速，避免陷入低速纠缠。零式为了减轻重量，没有安装密封油箱和任何自动灭火装置，飞行员也没有装甲保护，机体表面中弹就可能引起飞机着火，美军为此特地研制了穿甲燃烧弹。这种子弹非常容易穿透零式的铝合金蒙皮，并引燃整架飞机。

美国人找到了零式的缺点，本土的测试报告迅速传送到太平洋战场的一线单位，这些宝贵的信息帮助沮丧的美国飞行员改进战术并立足现有装备，最终击败称霸太平洋上空 6 个月之久的日本零式战斗机。A6M2 的优势被美军的新战术和新装备抵消了。1942 年 10 月 26 日，A6M2 在圣克鲁斯进行了最后一次空战，随后 A6M2 被 A6M3 所取代。淘汰下来的 A6M2 分配到二线单位和训练单位。战争的最后一年里，这些陈旧的 A6M2 大多被改装成神风特攻机与狂热的飞行员一起玉碎了。

"疾风"战斗机

大战中飞得最快的日本飞机，恐怕要数"疾风"战斗机了，它由中岛飞机厂研制生产，制式型号为：四式单（座）战（斗机），代号キ‑84（读作Ki‑84）。

1941 年底珍珠港事件后不久，以日本国产第一种 2000 马力级空冷发动机ハ45"誉"式（ハ45 读作"ha‑45"）的问世为契机，日本陆军航空兵本部当即要求中岛飞机厂研制一种以此为动力装置、在综合性能上希望能体现"脱胎换骨"的防空专用战斗机，并借以作为前线"隼"式（キ‑43）和"钟馗"式（キ‑44）战斗机的补充和替代。

疾风式战斗机是一种综合吸收了九七式、"隼"式和"钟馗"式等陆军战斗机之制造技术于一身，具备了一流飞行性能的先进机种。由于采用 170千克/平方米的高翼载值，使飞机有望跻身于高速飞机的行列。1944 年夏季，在进行过两批试生产、制造出 42 架前期试制型之后，终于顺利转入了大批生产，并定名四式战"疾风"。因为当局盲目地对ハ45 型"誉"式发动机充满期望，所以日军从一开始便寄"疾风"以厚望，并狂妄赋予其"大东亚决战机"之美名，企图利用一两件新型武器来挽回业已凸现的败局。

疾风的气动布局基本继承了"隼"的风格，有一个设计匀称的外形。但翼展和翼面积略有缩小，总长有所增加。而飞机的起飞重量却增加了一半。侧面投影上则更多地由曲线替代了生硬的直线，使外形更趋柔和与成熟。机头装一台ハ45 型双排星形 18 缸空冷活塞发动机，用一个相当光滑的整流罩包裹着，配一个 Z32 型四叶电驱动定速螺旋桨组。机身中段设有先进的近似水泡形的座舱盖，所以视界比较良好。顺便说一声，这也是战时日本战斗机设计上的可取之处。疾风的后三点起落架均可收入机内以减少阻力。在机头罩上部，装有ホ–103 型 12.7 毫米机枪 2 挺，梯形带上反角的悬臂式下单翼内，则装有ホ–5 型 20 毫米机关炮 2 门，翼后缘安装了开缝式"空战襟翼"，有利于空战中的机动飞行。中岛传统的中翼/前机身全金属整体结构显得异常坚固，并部分采用了应力蒙皮。此外，于机翼下还可视需要挂载 30–300 千克级炸弹 2 颗。

因日本国内战略物资奇缺，到战争后期，中岛曾打算同时发展全木质结构型キ–106 和全钢质结构型两种派生型号，但均因设计超重，使平飞速度和爬升速度遭到恶化而作罢。

1944 年 3 月底，首批疾风交付使用，并很快凑足六个战队的规模。7 月份，一支由试生产型组建的第 22 实验战队首次进驻中国内陆汉口机场，以对应美军 P–51 "野马式"战斗机在大陆战场的介入。日军竟敢利用其速度上的优势和坚固

日军竟敢利用其速度上的优势和坚固的机体结构，与援华作战的美军以及中美混合航空团的 P–47、P–51 等一流战斗机频频交手，大有一决雌雄之势

的机体结构，与援华作战的美军以及中美混合航空团的 P–47、P–51 第一流战斗机频频交手，大有一决雌雄之势。当时，因"紫电改"等后继机种开发迟缓，令疾风实际上成为日本在东亚的第一流战斗机。

同年秋季，麦克阿瑟与尼米兹率领两支劲旅逼近战略要地菲律宾，日军决定孤注一掷，背水一战。10 月 20 日，爆发了历史上规模壮观的莱特湾海空大战，以 30 架战斗机飞行队为核心的 300 余架疾风实际上是被当做攻击机出

人类飞行的故事

海阻击美海军舰只攻势的。为了维持最起码的行动半径和攻击力度，飞机不得不在左右翼下分别挂上炸弹和副油箱，飞行员为保持飞行平衡和准确投弹，真是费煞了苦心。这些飞机从纳格罗斯岛上起飞，一边与美国的海军飞机苦斗，一边还得设法将目标炸沉。当时，疾风还轮番攻击了敌方前沿机场、并为自己的补给船队提供过空中掩护。也许大家都没有料到，疾风的拿手好戏是俯冲轰炸。它们常挂上 30－250 千克不等的大小炸弹 2 枚，在 600 米低空、以 550 千米/小时的速度转入俯冲，且投弹效果良好。特别是在那次超低空袭击冲绳机场的战斗中，获得了一时的胜利。

可以说，疾风战斗机应是战时日本陆航最好的轻型战斗机。在平飞速度、海平面爬升率和转弯机动性诸方面均已接近当时的世界先进水平。战后，美军利用缴获而来的疾风，改为使用美国自产的优质汽油，在 6100 米中等作战高度上竟飞出了 689 千米/小时的速度记录，仅次于当时美军第一流的 P－51H 和 P－47N 战斗机。同时，又被证明在中、低空高度，其爬升性能和操纵灵活性甚至优于 P－47 和 P－51，被试飞组人员喻为是"一个可怕的事实"。

由于疾风战斗机是日本在航空机械制造工艺上，第一个实施先进的"基孔制"的飞机型号，所以单机制造总工时已从"隼"的 25000 降至仅仅 4000。1944

被美军俘获的 Ki－84

年底，太田制作所的月产量已高达 518 架之多，正是这种极易生产的作战飞机顺应了战争之需要。

而疾风的致命弱点，是因为工人素质低下造成的零部件加工精度差、起落架支柱等关键部件钢材质量的不过关、燃料性能的低劣、ハ45 发动机因技术不过关而令事故率高居不下以及机载无线电设备的落后等原因，导致前线备件不足、飞行事故时有发生，甚至严重影响战斗原有性能和战斗力的正常发挥（其出勤率甚至低于キ－100"五式战"）。特别是当后期的主要产生场地武藏制作所在美军 B－29 的大举空袭之下连遭破坏后，疾风的生产更是陷于日夜突击、疲于奔命的挣扎状态。

战后，美军接收大员在美国对疾风战斗机进行了综合飞行测试，不仅飞出了前面说到的高速性能，而且证明，只要采用优质汽油，ハ45 发动机本身的技术性能还是不错的。作为二战后期日本的一个主战机种，能够同时兼备速力、机动性和火力三大指标已属不易。所以，在日本才获得了"飞得最快的战斗机"之美称，它也是中岛飞机厂所生产的最后一种作战飞机。

F 家庭战斗机

F-86 是美国原北美航空公司研制的美国第一种后掠翼喷气式战斗机，是美国的第一代喷气式战斗机的代表，是美国、北约集团及日本在上世纪 50 年代使用最多的战斗机，美国和其他一些国家共生产了 11400 架左右。1945 年 5 月开始设计，1947 年 10 月原型机试飞，1949 年 5 月开始装备部队。

F-86 曾在朝鲜战场上与前苏联的第一代喷气式战斗机米格-15 战斗机进行过较量。结果 F-86 稍逊一筹。

F-86 有 A、D、F、H、K、L 等型。使用的国家和地区有美国、加拿大、意大利、前南斯拉夫、土耳其、日本、泰国、菲律宾和韩国等。F-86 早已退出现役，现存美国海军武器研究中心已修改成无人驾驶靶机，用于作战训练。

F-4 "鬼怪"式战斗机

F-4 "鬼怪"是美国原麦克唐纳公司（现并入波音公司）为海军研制的双座双发舰队重型防空战斗机，后来美国空军也大量采用。F-4 于 1956 年开始设计，1958 年 5 月第一架原型机试飞，生产型则于 1961 年 10 月开始正式交付海军使用。1963 年 11 月开始进入空军服役。

F-4 "鬼怪"式战斗机有 2 个后掠翼，一个可迅速向下拉动的水平尾翼，尖尖的机头，肥大的机身尾部悬挂着 2 个动力强大的 J79 发动机（通用电气公司生产），这种涡轮喷气发动机的加力燃烧可以产生 8120 千克的推力。最初该型飞机上只配 1 名飞行员，但后来在越南战争的实战中，美国人认识到配备 2 名飞行员可以多一双眼睛，一对耳朵，增加了首先发现敌人的机会，所以改为 2 名飞行员。到 1969 年，2 名飞行员又改成了 1 名飞行员和 1 个雷达操作员小组。飞机装有 2 部发动机，是为了增加被炮火击中时的生存概率。

最初，F-4E 型战斗机上没有安装航炮，因为五角大楼认为使用导弹的时代已到来了。结果这个悲剧性的错误使得美国飞行员在河内上空与米格战斗机的近距离遭遇战中，留下了最为惨痛的教训。后来，美国人在机头下安装了一挺 20 毫米的 M61A1 "火神"机枪。

在 F-4 机身下的凹进处载有四枚 "麻雀"雷达制导导弹，可以在超视距的迎面攻击时使用，这种导弹能在 15 海里左右的距离内精确地命中目标。F-4D "鬼怪"式战斗机上携带有雷达制导的 AIM-4D "猎鹰"导弹。在更近的距离内交战时，"鬼怪"式战斗机

以色列空军装备的 F-4 战斗机

所携带的红外热寻的导弹——"响尾蛇"导弹成为当时最先进的空空导弹。

F-4 是美国第二代战斗机的典型代表，各方面的性能都比较好，是美国空、海军上世纪六七十年代的主力战斗机，参加过越南战争和中东战争，也曾经是美国空军的 "雷鸟"飞行表演队的表演用机。

F-111 变后掠翼超音速战斗轰炸机

F-111 是通用动力公司研制的超音速战斗轰炸机，也是世界上最早的实用型变后掠翼飞机。

该机原本是为美国空军和海军研制的，由于各自的任务要求不同，难以兼顾。当时，美国军方提出研制一种能满足空军的战术对地攻击、又能满足海军舰队防空和护航要求的通用战斗机。为满足空军和海军的不同作战要求，决定研制 A、B 两种型别。因此出现了以对地攻击为主的空军型 F-111A 和以对空截击（即舰队防空和护航）为主的海军型 F-111B。前者的主承包商

是通用动力公司，于 1962 年开始设计，1964 年 12 月第一架原型机试飞，1967 年 10 月首批生产型正式交付使用；后者主要由格鲁门公司研制，1965 年 5 月第一架原型机试飞，但因结构超重，性能达不到要求，加之导弹火控系统的研制也遇到困难，最后于 1968 年停止发展，海军取消订货。

F-111 变后掠翼超音速战斗轰炸机

从此，F-111 成了纯粹的空军型飞机。

F-111A 采用了双座、双发、上单翼和倒 T 形尾翼的总体布局形式，起落架为前三点式。最大特点是采用了变后掠机翼，这在当时是一项新技术，首次应用于实用型飞机。变后掠翼的优点是可以改善超音速飞机的起落性能，兼顾高、低速之间的气动要求，扩大飞机的使用范围。两个活动的外翼间靠一根长 4.2 米长的盒形梁相连接，飞行员通过液压系统控制它们的后掠角度变化。机身为半硬壳式金属结构，基本结构材料为铝合金，蒙皮为蜂窝夹层壁板。在载荷集中和高温部位采用了合金钢和钛合金。两台 TF30-P-3 型涡轮风扇发动机并列装于后机身内，每台发动机可提供推力 55.41 千牛、加力推力叠 3.16 千牛。全机可载燃油 14515 千克，还可以进行空中加油，受油口在座舱后的机身顶部。进气道位于机身中部的两侧。其中的 1/4 圆形调节锥由计算机控制。

F-111 共有九个型别。其中大多数为以对地攻击为主的战斗轰炸机或改进型飞机，主要用于在夜间和不利气象条件下执行常规和核攻击任务，但也有两种完全改成了别的用途飞机，如 EF—111 电子对抗飞机和 FB—I11 战略轰炸机。它们经常出现在一些地区冲突和局部战争中，是美国远程作战的主力机种之一。

人类飞行的故事

F - 16 战斗机

F - 16 是美国通用动力公司为美空军研制的单发单座轻型战斗机,主要用于空对空作战,也可用于近距空中支援,是美国空军的主力机种之一。

冷战结束后,美国空军对军机的需求量下降,通用动力公司于 1992 年 12 月宣布将 F - 16 的生产线卖给了洛克希德公司。F - 16 在战后美国军用飞机中是改型较多的一种,F - 16 原本是美国通用动力公司研制的低成本、单座轻型战斗机,第 1 种型号于 1979 年 1 月进入现役。几经改进,前后有 A、B、C、N、R、XL、ADF 和 AFTI/F - 16、F - 16/J79 以及 NF - 16D 等 11 种型别,有些型别的最大起飞重量已近 20 吨。

F - 16C/D 是 F - 16 战斗机的主要型别。1984 年 7 月开始交付给空军。武器系统包括 AN/APG - 68 多功能雷达、广角平视显示器、任务计算机等火控设备和 20 毫米口径 M61 "火神" 6 管炮、AIM - 7 "麻雀" 以及 AIM - 9 "响尾蛇" 空对空导弹、AIM - 120 先进中距空对空导弹、AGM - 65 "幼畜" 空对地导弹、反辐射导弹和各种炸弹等武器。D 型是 C 型的教练型,1983 年首飞,1984 年 9 月开始交付给空军。

实战表明,F - 16 飞机的空战性能极佳。它问世不久,美国就把约 40 架 F - 16A 式战斗机卖给了其中东盟友以色列。素以英勇善战著称的以军飞行员很快就将这种飞机的性能发挥得非常出色,以两次远程奔袭作战使 F - 16 名扬四海。

在海湾战争中,美国空军在实战中首次使用了 F - 16。F - 16 是在这场战争中部署数量最多的一种飞机,为 251 架;共出动了 13480 架次;在美军飞机中出动率最高,平均每架飞机出动 537 次。执行了战略进攻、争夺制空权、压制防空兵器、空中遮断等任务,是 "沙漠风暴" 等行动中的一大主力。1992 年 12 月 27 日,一架 F - 16C 战斗机在伊拉克南部的 "禁飞区" 内用 AIM - 120 导弹超视距击落了一架伊拉克的米格 - 29 飞机,这也是 AIM - 120 导弹第一次用于实战。

在科索沃战争中,F - 16 执行了大量的任务,包括压制敌防空系统、防御性空战、进攻性空战、近距离空中动摇和前沿空中控制任务。摧毁了南联盟大量雷达阵地、地面坦克和车辆、建筑物和南联盟空军的米格战斗机。

自"9·11"事件后，F-16在美国的全球反恐作战中起到主要作用，这些飞机执行了

担任假想敌的 F-16N 型战机

数千架次的飞行任务。在伊拉克战争中美国空军向中东地区部署了 F-16C/D 型机 60 架，F-16CJ 型机 71 架。

"鹞"式垂直／短距起落战斗机

英国"鹞"式战斗机是世界上第一种实用的垂直／短距起落飞机。1969年开始装备部队，并有舰载型"海鹞"和美国改型生产的 AV-8B 型等。

在 1982 年的英、阿马岛之战中，"鹞"式飞机首次参战，执行截击任务，击落对方飞机 16 架。海湾战争中，AV-8B 参战遂行对地攻击任务被地面火力击落 7 架。最大平飞速度 1186 千米/小时，作战半径约 420 千米，机身下可装挂 2 门 30 毫米"阿登"航炮炮舱。翼下可挂装空对空导弹和炸弹等武器，最大载弹量 2270 千克。

J 系列战斗机

歼-5

新中国建国后，我国迅速开始了仿制生产喷气式战斗机的工作。中苏两国政府于 1951 年 10 月正式签订了《苏维埃社会主义共和国联盟给予中华人民共和国在组织修理飞机、发动机及组织飞机厂方面以技术援助的协定》。同年 4 月 18 日重工业部设立航空工业局，统一负责飞机的维修工作。1951 年 12 月，周恩来总理亲自主持会议研究决定，要在 3～5 年的时间里试制成功苏制

雅克-18初级教练机以及米格-15。后把+歼击机项目改为试制更加先进的米格-17喷气式歼击机。1954年中国第一批飞机及其发动机试制成功,两年以后,1956年9月8日,沈阳飞机厂试制成功中国第一种喷气式歼击机歼-5,即米格-17Φ型,随后获批准批量生产。中国成为当时世界上少数几个能够成批生产喷气飞机的国家之一。

歼-5由沈飞工业公司研制,是单座单发高亚音速喷气式战斗机,主要用于昼间截击,具有一定的对地攻击能力。歼-5是仿制苏联的米格-17Φ(米格-17F)歼击机,米格-17F型1951年9月首飞,1952年底开始大量生产。当时歼-5被称为56式,直到1964年才改称歼-5。试制工作从1954年10月开始,1956年7月19日原型机首次试飞成功,并使用苏制零件装配了13架歼-5。1956年7月13日,全部用自制零件组装的第一架歼-5完成总装。至当年9月15日,制造出4架国产型歼-5飞机。这四架飞机参加了1956年国庆大典。至1959年下半年停产,共生产歼-5飞机767架。歼-5采用单座、单发、机头进气、后掠式中单翼布局。后掠式中单翼的后掠角是45°,为双梁结构。机翼内侧有角度可控的后退式襟翼。全金属半硬壳式构造机身,机头进气。机身后部装有可操纵的减速板。垂直尾翼分成上下两段,下段固定在后机身的承力斜框上,上段可拆卸。前三点式起落架均为单轮。前起落架收入前机身下部的轮舱内,主起落架收入机翼内。主起落架装有缓冲器,前起落架装有减震器和减摆器。密封式单人座舱在应急时可抛掉舱

解放军的歼-5机群

盖,可弹射座椅保证飞行员在紧急时迅速安全地脱离飞机。采用一台涡喷-5离心式加力涡轮喷气发动机,静推力2600千克,加力推力3380千克。该发动机是苏联克里莫夫设计局的VK-1F发动机的仿制品,VK-1F是米格-17

的发动机。1956年6月在沈阳航空发动机厂仿制成功涡喷-5。1964年生产任务转由西安红旗机械厂负责,1966年转产定型投入批量生产。机内燃油1170千克,外挂两个400升副油箱。机载设备包括超短波指挥电台、无线电罗盘、无线电高度表、信标接收机、敌我识别器、护尾器、测距器等。

机头左侧下方装两门23-1型23毫米机关炮,机头右侧下方装一门31型37毫米机关炮。装弹量为200发。23-1机关炮初速680米/秒,射速800发/分,弹种包括航23-1杀燃、航23-1杀燃曳光、航23-1穿燃、航23-1训练弹。37-1型初速690米/秒,射速400发/分,1954年开始研制,开始时因考虑到该炮性能落后、苏联已有后继型号,故仅计划少量生产以避免浪费,后来因为歼-5需求量增加,最终生产了236门后于1959年停产。机翼下可挂两100~250千克的炸弹。歼-5为我军开拓了喷气战斗机的先河,打下了我军发展喷气战斗机的基础。

歼-5屡建战功,1958年7月至10月击落来犯的2架F-84G和6架F-86F,其他战例无数。1956年4月,四架F-4入侵海南岛我方领空,受到我军歼-5的拦截,F-4匆忙发射AIM-7"麻雀"导弹,不料歼-5拐弯半径小,得以摆脱,脱靶的AIM-7竟然飞向远方的一架F-4,将其击落。

歼-5的主要改型包括歼-5甲歼击机,这是我国在歼-5基础上改进的夜间歼击机。前机身加粗,机头上端有突出进气口前缘313毫米的鲨鱼嘴状雷达罩,进气口内加装了半球型天线中锥。这两个部位都采用硬度较小的非金属材料制造,涂蓝色油漆。

歼教-5曾经是解放军空军"八一"表演队选用机

由于装有简单的RP型搜索瞄准雷达,使得歼-5甲获得了较原始机型强大的夜战能力。发动机采用性能改进的涡喷-5乙。但歼-5甲的改进也有一定代价,如武器系统改成3门

HP－2323 毫米航空机关炮，备弹共 300 发，比基型火力略有下降。可外挂 2 枚 250 千克炸弹。在打击美国 B－17G 轰炸机侦察改型的战斗中，我军技术人员曾改进了歼－5 甲的 RP 雷达，将向下视野由 14 度改为 7 度，上仰视野不变，从而屏蔽了尾追低空飞行的 B－17G 时雷达收到的地面反射杂波。1959 年 5 月 29 日，空军第 18 师截击大队队长蒋哲伦成功驾驶该改型战斗机击落了 B－17G。

此外少量退役歼－5 被改装成了无人靶机，我国至此成为美苏之后第三个拥有"实体型"靶机的国家。

歼教－5 是在歼－5 甲的基础上改型设计的全天候双座喷气教练机，由成都飞机工业公司负责。而在苏联，米格－17/19 没有教练型，飞行员要在米格－15的教练型上训练。

歼－7

歼－7 飞机先是由中国沈飞工业集团，后转由成都飞机工业公司在苏联米格－21Ф13 战斗机的基础上发展研制的单座单发轻型超音速战斗机，主要用于国土防空和夺取战区制空权，并具有一定的对地攻击能力。该机于 1964 年开始研制，1966 年首飞，1967 年 6 月批准定型投入批量生产。歼－7 飞机具有尺寸小、重量轻、机动性能好、近战火力强、维护简单等特点，除装备中国空军外，还向其他一些国家出口。

实际上，苏联是在 1961 年同意允许中国制造米格－21F－13 及该机所用的图曼斯基 R－11F－300 发动机。并且有少量的苏制该型机作为示范飞机交付中国使用。但是两国关系的破裂严重地影响了中国制造该机的计划，因为苏联没有交给中国该机的任何技术文件和资料。

为此，中国沈阳飞机设计所接受了要充分研究米格－21 的任务，以便制定歼－7 飞机的生产计划。米格－21 的原型机于 1964 年初开始生产，1965 年 11 月完成机体静力试验。第一架生产型歼－7，像早期制造的歼－7 一样，由沈阳飞机工厂制造，并于 1966 年 1 月 17 日进行了首次飞行。到当年 4 月底，中国就制造了 12 架歼－7 战斗机。在这段时间，试飞中的原型机，前后共完成了 29 个起落，飞行速度达到了 M2.02。中国最初生产的歼–7，由一台涡喷–7 涡轮喷气发动机驱动。该发动机是在苏联 R–11F–300 发动机的基础上，经多方面改进制成的。

早在 1964 年，中国就已决定将其转移到成都和贵州生产。歼–7I 昼间防空型是由成

歼–7 I

都飞机公司制造的歼–7 飞机的第一种型号，该机的基本方面与沈阳制造的歼–7 型机相似。1976 年 6 月首次试飞。与原型（米格–21F–13）相比，主要改进有：机身左侧增加一门航炮（原型的主要武器为一门右侧机身行炮和两枚外挂导弹），加强了近战火力；进气道调节锥由三级调节改为无级调节，改善了平飞加速性能；进气道唇口的圆弧半径由 0.5 毫米增加到 2 毫米，改善了低速飞行时的气流流动特性，提高了起飞推力。

歼–8 Ⅱ

歼–8 Ⅱ

歼–8 Ⅱ型飞机是在歼–8 的基础上发展和生产的双重任务战斗机，1984 年 5 月完成主要试验，并于同年 6 月 12 日首飞。该机在歼–8 的基础上对部分机体进行了重新设计，采用两侧进气，增加了安装航空电子设备的空间，同时改进了武器系统、火控系统、机载电子设备和动力系统。由于换装了两台功率较大的 WP–13A 发动机（单台加力推力为 6600 千克力），因此歼–8 Ⅱ具有很好的中低空机动性能和全天候作战能力。

人类飞行的故事

歼 – 10

歼 – 10 是迄今为止中国自行设计研制的最先进的战斗机。歼 – 10 是单发单垂尾轻型多用途战机，采用国际上新一代战机流行的鸭式气动布局，其优点是既能发挥三角翼飞机高空高速的优势，又通过前翼增加升力，保证中低空亚音速格斗的机动性并大幅缩短起降距离。据外国军事专家推测，歼 – 10 的气动布局很先进，甚至优于以灵活著称的苏 – 27。

歼 – 10 的另一个特点是载弹量大。歼 – 10 的外挂能力强，可有效实施对地对海轰炸攻击，而可贵的是空战能力更突出。歼 – 10 采用了大量复合材料，使自身重量比 F – 16 等战机略轻，发动机的功率却基本相当，这使其在空战中具有很强的机动性。

歼 – 10 飞行中的各种空中姿态

首批装备该飞机的空军航空兵部队，已成建制形成作战能力，对有效提高空军防卫作战能力，加快我军武器装备现代化建设，巩固国防具有重大意义。为了它的诞生，中国军工战线的科研人员艰苦奋斗，采用了大量新设计、新技术、新工艺，创造了共和国航空史上数十个"第一"。中国人民空军试飞员承担了数十项极限试飞任务，对数百个课题、数千个参数，进行上千架次的试飞检验，圆满完成了定型试飞任务，确保歼 – 10 战斗机按时装备部队。

苏 – 30MKK2 战斗轰炸机

中国海军航空兵在海军建立之初就作为重点发展的三个兵种之一，经过

50多年的发展壮大，目前已经成为中国海军应对高技术现代化战争的重要作战力量。中国军队在"本土防御"国防政策影响下，一直将空军作为空中作战力量的核心发展。海军航空兵虽然是海军中的一个独立的兵种，但是其在装备发展上却始终排在空军之后。从国外引进的苏－27SK战斗机和国产歼－10都首先装备空军作战部队，海军航空兵装备的JH－7战斗轰炸机也是空军暂时放弃后才由海军接手发展的机型，而歼－8系列战机在空军装备苏－27多年之后依然是海军航空兵最先进的战斗机。因此，中国海军航空兵的装备技术水平一直低于同类型的空军装备，在整体战斗力上与空军始终存在较大的差距。

苏－30MKK2 战斗轰炸机

　　随着海军力量在国防安全上整体作用的提高，海军航空兵技术装备的更新速度也在逐渐加快，装备新型作战飞机的速度和规模也开始明显提高。中国海军航空兵装备了苏－30MKK2多用途战斗机。

　　据俄罗斯共青城飞机生产联合体透露，苏－30MKK2是对于早期苏－30MKK多用途战斗机进行技术完善的改进型号，无论是在电子设备还是在机载武器上都要超过后者。苏－30MKK2在机载航空电子设备和机载武器上重点提高了使用精确制导武器对海（陆）目标进行打击的能力。拥有该型战机的中国海军航空兵第一次在装备上站在与空军相同的位置。引进苏－30MKK2多用途战斗机有效扩大了中国海军航空兵的作战范围，显著提高了中国海军面对现代化高技术战争时的整体作战能力，其在战术上和技术上所体现上的意义都非常明显。

人类飞行的故事

苏－37多用途战斗机

苏－37是在苏－35多用途战斗机的基础上发展起来的一种超机动性多用途战斗机，可执行空对空、空对地和空对舰作战任务。1996年9月2日在英国范堡罗航展上首次在国外公开露面。该机采用三翼面气动布局和推力矢量技术，整个机体平滑呈流线型，机头左侧装伸缩式受油管，右侧装红外搜索装置。

发动机矢量控制系统与飞机的飞行控制系统完全综合在一起，飞行时不需要飞行员附加任何信号输入。由于苏－37战斗机采用了推力矢量控制技术，同时具有良好气动外形，因而使它具有了不同寻常的机动能力，即称为超机动性能。苏－37战斗机不但能像苏－35那样，可做"眼镜蛇"、"尾冲"和"钩子"等高难度的机动动作，而且还能做最小半径翻筋斗动作等更新的机动动作。苏－37战斗机采用这种技术，使它在空战中具有很高的敏捷性，能在空战中迅速变换自己的位置，使机头快速指向目标，并能在空中任一位置向敌机发起攻击。苏霍伊设计局宣称，装备推力矢量喷口发动机的苏－37战斗机，其空战机动能力将比无推力矢量的战斗机提高10倍。

苏－37战斗机的电子设备包括NO—11M多功能无源相控阵火控雷达，激光测距器，尾部告警雷达，四个多功能彩色显示器，激光陀螺惯性导航系统，卫星导航设备，具有地形跟踪能力的综合飞行、导航、攻击系统，综合电子战系统，综合通信系统。飞机的操纵系统采用了全权数字式电传操纵系统和侧杆操纵。NO—11M多功能相控阵火控雷达，对空探测距离可达到400千米，对地探测距离200千米，能同时跟踪15个目标，并能同时攻击其中6个目标。

苏－37飞机的推重比大于1.0，最大外挂重量约8吨，海平面最大平飞速度1400千米/小时，高空最大平飞速度2500千米/小时，实用升限18000米，作战航程4000千米（使用机内燃油），经一次空中加油后可达到6500千米。所需跑道长度1200米。

苏－37飞机的机载武器有一门30毫米机关炮，外挂架可携带主动雷达制导发射后不管的中距空空导弹，半主动雷达制导的中距空空导弹，红外制导的近距空空导弹，增程中距空空导弹和 R—37 远距空空导弹等。空对地攻击武器，包括反辐射导弹、反舰导弹、电视和指令制导导弹、电视和激光制导炸弹、通用炸弹和集束炸弹等。

"阵风"战斗机

"阵风"战斗机是法国国防部"为满足法空军和海军的作战使用需求，用一种飞机代替现役七种飞机"而研制的一种新型多用途战斗机。该机采用复合三角翼，高置活动鸭式前翼，翼身融合体，单垂尾和双发动机的总体布局。具有大推重比、高机动性、多种外挂能力和一定的隐身能力。能执行夺取空中优势，防空截击，对地、对海精确攻击等多种作战任务。

"阵风"战斗机装备了数字式综合航空电子系统，显示器采用"一平三下"，即上面有 1 个平视显示仪、下面有 3 个多功能彩色显示器，并采用了双杆操作。该机还配备了一部 RBE2 无源相控阵火控雷达。该雷达具有分辨率高、扫描速度快、可灵活改变波束指向的特点，能在各种过载情况下快速指向目标。对 5 平方米的目标，雷达的最大探测距离为 926 千米，可同时跟踪 8 个目标，同时攻击其中 6 个目标。在探测、跟踪目标的同时，具有地形跟踪、地形回避能力。除 RBE2 雷达外，"阵风"战斗机还采用了三余度数字式电传操纵系统，萨吉姆公司的尤利斯 52X 激光陀螺惯性导航系统，塞克斯坦公司的语音控制系统和语音告警系统，汤姆逊公司的头盔瞄准具和卫星导航设备等现代航空电子设备。

"阵风"战斗机的机载武器是一门 30 毫米的"盖特" M791B 机关炮，共有 14 个外挂点，最大外挂量 6 吨。在执行空中截击任务时，可挂载 8 枚"米卡"发射后不管的空空导弹；执行纵深攻击任务时，可携带 1 枚 ASMP 中距核攻击导弹；执行战术攻击任务时，可携带 16 颗 227 千克炸弹和 2 枚"米卡"空空导弹，或两枚"阿巴斯"远距空地导弹和两枚"米卡"空空导弹。另外，该机还可挂载激光制导导弹和激光制导炸弹、反舰导弹等。"阵风"战斗机的最大平飞速度 M2.0，空重 9.5 吨，正常起飞重量 17 吨，最大起飞重量 22.7 吨。作战半径 1800 千米。

EF2000 欧洲战斗机

EF2000 欧洲战斗机是英、德、意、西班牙四国联合研制的多用途战斗机。该机采用近距耦合鸭式布局，前方有全动式鸭翼，后方为复合三角翼，无水平尾翼，只有单垂尾。二元可调进气道位于机身腹部。具有高机动性和短距起降性能。该机的最大飞行速度为 M2.0，空重 9750 千克，最大起飞重量 21 吨，作战半径 600 千米。动力装置为两台英国罗·罗公司研制的。EJ200 涡扇发动机，最大推力 60 千牛，加力推力可达到 90 千牛，推重比接近 10。

在机载设备方面，EF2000 战斗机装一部 ECR90 脉冲多普勒火控雷达，该雷达由英国马可尼公司、意大利菲亚特公司、西班牙英尼塞尔公司和德国德律风根公司联合研制，对 5 平方米的目标，雷达的迎头最大探测距离为 130 千米。该机还采用了 LN—93EF 环形激光陀螺惯性导航系统和 GPS 导航设备，并装有头盔瞄准具和红外跟踪装置。这些电子设备通过 STANAG3838 光纤数据总线与 3 个多功能彩色显示器交连。为减轻飞行员的工作负担，EF2000 战斗机装有语音控制装置，用于选择无线电工作频道、平视显示仪和多功能显示器的工作状态。

EF2000 战斗机的武器系统有一门 BK27 型 27 毫米口径机炮，共有 13 个外挂点，最大外挂为 6.5 吨。可挂载 AIM - 120 发射后不管先进中距空空导弹，S225X 主动雷达制导发射后不管的中距空空导弹，"阿斯派德"和"天空闪光"半主动雷达制导中距空空导弹，AIM - 132 先进近距空空导弹，以及 AIM - 9 "响尾蛇"系列空空导弹等。该机可挂载的对地攻击武器有激光制导炸弹和反辐射导弹等。

超音速飞机

超音速飞机是指飞行速度能超过音速的飞机。1947 年 10 月 14 日，空军上尉查尔斯·耶格驾驶 X—1 在 12800 米的高空飞行速度达到 1078 公里/小时，M＝1.1015，人类首次突破了音障。民用超音速飞机的代表是法国研制的协和超音速飞机。

目前的飞行速度纪录由美国的 X-15 飞机在 1967 年 10 月创下，为 6.7 马赫；X-15 以火箭做动力，自身带有燃料和氧化剂。目前最快的吸气型飞机是美国的 SR-71 "黑鸟" 侦察机。飞行速度大约 3.1 马赫。美国还在研制 "曙光女神" 高速侦察机，其结构不同于现有的飞机和航天器，已多次试飞，速度为 4.5 至 6 马赫。据称，它将取代 SR-71 侦察机，既可实施侦察，也可执行攻击任务。

轰炸机

轰炸机是对地面目标或海上目标实施轰炸的军用飞机。它的特点是：航程远，载重大，突击力强等，按载弹量可区分为：重型 (10 吨以上)，中型 (5~10 吨)，轻型 (3~5 吨)；按航程可分为：远程 (8000 千米以上)，中程 (3000~8000 千米) 和近程 (3000 千米以内)；按执行任务区分战略轰炸机和战术轰炸机 (歼击轰炸机)。

二战期间的美制 B—29、英制 "兰加斯特"、苏制杜—2 轰炸机等都是著名机种。战后，美国研制了 B—52 亚音速轰炸机，载弹量达 18~26 吨；苏制 Tu—20 型，载弹量 15~25 吨。上世纪 60 年代末，可变后掠翼超音速轰炸机问世，美制 FB—111、苏制 "逆火" 图—22M 等，它们都备有先进火控系统。可保障全天候精确轰炸，可携带常规炸弹、精确制导炸弹、巡航导弹和其他导弹。

随着现代武器装备的发展和空战特点的改变，今后轰炸机将向抗电子干扰、"隐身"、提高突防能力、生存能力以及提高轰炸精度等方向发展，以 B—1、B—2 隐形轰炸机为代表。

人类飞行的故事

99

"水轰—5"

"水轰—5"型水上反潜轰炸机由哈尔滨飞机制造公司研制，用于中近海域海上侦察、巡逻警戒、搜索等任务，也可监视和攻击水面舰艇。1968 年"水轰－5"的研制正式得到批准，1970 年完成总体设计，次年总装出第一架原型 01 号。1971 年就以 110% 的设计载荷达到并超过全机静强度破坏试验的技术要求，并总装成功。02 号原型机于 1973 年 12 月实施首次地面滑行，并于 1975 年 5 月在湖北荆门漳河水库下水，开始水上试验。1976 年 4 月 3 日首次进行水上起降试飞。1986 年服役，从而开始接替陈旧的"别－6"和"青－6"型水上飞机。"水轰－5"可以在海上、江河湖泊及水库中起降，并具有超低空、大航程、全天候、大载弹量、短距起降和抗波浪性好等特性。

基本性能：机长 38.9 米；机高 9.80 米；翼展 36 米；起飞重量 45000 千克；正常起飞重量 36000 千克；最大平飞速度 556 千米/时；实用升限 10250米；爬升率 11.3 米/秒；最大航程 4900 千米；最大续航时间 11 小时 53 分；最大机内载油 13417 千克；起飞滑水距离 482 米；着水滑跑距离 853 米。

轰－6 轰炸机

轰－6 轰炸机，原型为苏制中型喷气轰炸机图－16。该机 1948 年开始研制，直到 1990 年还有少量在苏军中服役。该机的各个改进型在我军中担任了战术战略轰炸、侦察、反舰、巡逻监视等多种任务，形成了一个用途广泛的型号系列。至今该机仍是我军战略轰炸力量的核心，并且在不断对其动力、航电及机载武器进行改进，同时在其基础上发展了多种特种平台，预计将至少服役至 2020 年左右。

1959 年我国西安飞机制造公司开始仿制图－16 轰炸机，后一度终止，1964 年 3 月恢复研制。轰－6 是当时中国试制的吨位最大的飞机，全机零件多，结构复杂，技术难度及工作量大。在试制过程中，西安飞机制造公司组织技术力量，补齐了苏联未提供的强度计算等资料，编制了新工艺和关键技术资料，攻克了多项技术关键，应用了多项新技术。该机于 1968 年试制成功，结束了中国不能制造中型轰炸机的历史，填补了航空工业的空白。

轰－6 的主要作战武器为多种普通炸弹，舱内正常载重量3000 千克。

机上装有共 7 门 23 毫米自卫机关炮，机头 1 门，机身上、下、尾部炮塔各 2 门，由射击瞄准雷达或光学瞄准具控

轰－6 轰炸机

制。1981 年，在轰－6 机上加装第二代自动领航轰炸系统，深受部队欢迎。为了提高轰－6 的自卫生存能力，1980 年，完成了轰－6 机加装自卫干扰设备的改装。

其炸弹武器包括核弹和普通炸弹、高阻爆破炸弹等。主要作为常规轰炸力量使用，并能使用我国研制的各种空投型核武器。

轰－6 原型机研制成功后，西飞进一步研制了轰－6 的第一个正式型号轰－6甲。在此之前，西安飞机制造厂于 1963 年接收了哈尔滨飞机制造厂1959 用苏联散件组装的一架轰－6（因此，实际上这是一架我国组装的图－16），改装为核航弹运载试验机，1964 年改装完毕。1965 年 5 月 14 日，中国轰炸航空兵某师李源一机组驾驶这架图－16（50671）飞机，首次空投原子弹爆炸成功，李源一机组为此立集体一等功，第一飞行员李源一和第一领航员于福海记个人一等功，其他四名同志记二等功。周恩来、邓小平、陈毅、贺龙以及聂荣臻等当时的党和国家领导人接见了副师长李源一和领航员于福海等人。1988 年 5 月 15 日，轰－6甲通过生产定型，解放军空军拥有了国产化的大型轰炸机，同年 10 月 15 日军工产品定型委员会正式批准投产。轰－6甲执行了我国第一次氢弹试爆。

随后在甲型的基础上发展了轰－6乙型中程侦察机，1979 年定型，装有航丁－42 型红外相机。到 1975 年，轰－6丙型开始论证，1977 年开始研制，

1980 年首飞，1983 年 5 月完成鉴定，同年年底交付空军。主要改动包括加装电子干扰、电子侦察、电子警戒及可投放金属丝或金属箔条，增强了轰－6 的自卫能力。之后还发展了轰电－6Ⅰ/Ⅱ/Ⅲ电子干扰机、轰电侦－6Ⅰ/Ⅱ电子侦察机等。1987 年Ⅰ型机由空军开始研制，1990 年 6 月首飞，1992 年定型。Ⅱ型机 1993 年开始研制，1996 年定型。

海军航空兵于 1967 年轰－6 还在研制时就提出了研制反舰改型轰－6 丁（轰－6D），因"文化大革命"影响，1981 年 8 月 29 日才首飞成功。经多次导弹试射后，1984 年 12 月 24 日轰－6 丁通过技术鉴定，批准生产交付使用。1985 年通过鉴定。轰－6D 主要作为反舰导弹载机，保留了原有作战能力。装备了 C－601、C－801 等多种反舰导弹。

"兰开斯特"轰炸机

兰开斯特轰炸机作为二战中皇家空军轰炸机的主战机种，能与美国 B－17 空中堡垒相匹敌，这是一种可对区域目标进行密集轰炸，而不是对点目标进行精确轰炸的夜间轰炸机，是第二次世界大战后期英国空军实施夜间进攻最成功、最著名的轰炸机。兰开斯特轰炸机的最大载弹量达 18000 磅

飞行中的兰开斯特

（1 磅约为 0.45 千克）。在实施区域空袭时，可以投掷巨型圆柱体重磅炸弹，巨大爆炸当量可以产生无比的破坏威力。"兰开斯特"累计出击 156192 架次，高居全英之首。累计投弹 608612 吨，占英国皇家空军战时总投弹量的 2/3。兰开斯特轰炸机 1941 年服役，配备了 1460 马力的劳斯莱斯"梅林－20"发动机。除了发动机功率和个别细节有所提高外，兰开斯特系列轰炸机并无改进，累计生产量达到 7377 架。

作为战时英国最大的战略轰炸机，以夜间空袭为主要作战手段，几乎包揽了全部重要的战役、战斗任务，以意外少的损失，赢得了巨大战果，为反法西斯事业作出了不可估量的贡献。

B-17 轰炸机

波音 B-17 飞行堡垒也许是二战中美国制造的最著名的重型轰炸机，她的声望远超过了生产数量更多的同胞：联合公司的 B-24 解放者。美国一共生产了 12677 架 B-17，到 1944 年 8 月，美国陆军航空军至少已有 33 个 B-17 轰炸机大队部署在海外作战。

1943~1945 年间 USAAF 在德国上空进行的规模庞大的白天精密轰炸作战中，B-17 由于优异顽强的表现而声名大振。飞行堡垒具有优良的高空性能与出色的抗损能力，往往在遭到巨创后仍能继续飞行，在后期的型号中，装备了更强大的防御武器，所有这些使它赢得了机组的信赖与喜爱，他们相信 B-17 能在德军战斗机和高射炮的火网中生存下来，带领他们安全返回基地。

1935 年 7 月 28 日，Model 299 在西雅图首飞，试飞员是波音的莱斯利·R·陶尔。相传一个见过 Model 299 试飞的记者在评论中使用了"飞行堡垒"这个词来描述这架外形庞大的家伙，于是"飞行堡垒"就流传了下来并成为 B-17 响当当的正式绰号。

B-25 轰炸机

B-25 在二次世界大战的时候，主要是在太平洋战场上发挥作用。虽然 B-25 的航程还是很短，但是猛烈地扫射使它成为一种令人生畏的武器也给予它以新生。

B-25 的机鼻里安装了 75 毫米机关炮。第三轰炸大队用这种新型的船用加农炮射击运输船取得了很大的成功。一次，用 75 毫米机关炮摧毁了一艘驱逐舰的射击指挥仪，使得军舰不能正常地进行射击。接着用 1000 磅（1 磅约为 0.45 千克）炸弹击沉了驱逐舰。因为 B-25 所进行的改型，B-25 有了一个新型号——"G"型。

"G"型拥有这件特殊用途的武器，它适合用来对付小型舰船、货船、建筑物等类似目标。飞机每次可以进行三到四回攻击。机炮是手动装填，在摇摇摆摆的飞机里这可是一个挑战。

1942年4月18日，16架B-25B离开了大黄蜂航母的甲板，直飞700英里（1英里约为

在前机身两侧加装机枪的 B-25C

1.61千米）以外的目标——日本本土。在四个月以前，珍珠港被猛烈地轰炸之后，Francis Low海军上尉筹划并执行了这次计划，使用美国空军双引擎中型轰炸机从海上起飞轰炸日本，然后降落在中国。吉米·杜立特陆军上校志愿负责这次空袭计划。

他们发现中型轰炸机可以从航母上起飞（刚刚能起飞而已），但是它们不能够降落在航母上。这样飞机只能降落在中国内地的基地上。于是杜立召集志愿人员参加。1942年2月3日，飞行员们成功试验了驾驶B-25从大黄蜂上起飞。为了轰炸做准备，他们多载了1141加仑（1美加仑约为3.79升）的汽油，移除了机腹的机枪舱（后来移除了更多的机枪），把帚柄漆成黑的插在机尾假装尾部机枪。

2月2日，16架B-25停在甲板上，大黄蜂从旧金山起航，向目标地——离日本400英里的北太平洋驶去。但是他们在飞机的航程外遇到了日本的警戒船，于是不得不起飞。严格地来讲，从现有资料来看，这次空袭对四个日本城市：东京、神户、横滨和名古屋造成的损失很小。所有的飞机都不可能返回起飞时的航空母舰。11名机组人员跳伞，4架坠毁，一架迫降在苏联。多数的机组人员降落在中国。他们在中国抗日军民的帮助下，躲避过日本人的搜捕，最后逃回了美国。

但是这次轰炸对日本人士气的影响是不可估量的。另一个影响是，促使

日本人发动夺取中途岛的计划。在这次战役中四艘日本航母被击沉,结束了日本在太平洋上的军事优势。

B – 29 轰炸机

波音 B – 29 超级空中堡垒是整个二战中最杰出的重型轰炸机,创下了多个轰炸机之最:载弹量 9 吨、航程 6000 千米,能在万米高空以 600 千米/小时速度巡航。

B – 29 的研制是对当时航空科技的重大挑战,它是首架全部依靠遥控自卫武器并应用中央火控系统和全增压乘员舱的轰炸机。B – 29 在二战中是专门用于对付日本的武器,很好地完成了美国陆军航空军“让战火在敌国的领土上燃烧”的战略轰炸意图,摧毁了日本的战争基础,加速了太平洋战争的结束。也许今天人们提起 B – 29,就会联想到在广岛和长崎上空爆炸的两枚原子弹。

因为轰炸机需要在高空打开炸弹舱投弹,所以采用全增压直通舱是不切实际的,波音决定只在驾驶舱和机身中段有人员的部位进行气密增压,形成前后独立的增压舱,增压舱之间由通过炸弹舱上方的气密管道相连,机组可以通过管道达到另一个气密舱,这个特点被以后波音所有的远程轰炸机设计所继承。

斯图卡俯冲轰炸机

Ju87 斯图卡俯冲轰炸机在 1938 年服役,1938 年一年就生产了 950 架。

二次大战开始之前,德国空军已经装备了 9 个俯冲轰炸机团,共 350 架。斯图卡轰炸机有一个非常显著的特点,它的机头冷却进气口装有一个发声装置。这让斯图卡在俯冲时能够发出一种极为尖锐的声音,以制造一种恐怖心理,摧毁敌人士气。

1939 年 9 月 1 日,德军撕毁日内瓦协议,全面进攻波兰。第二次世界大战全面爆发。整个会战中,德军出动了 200 多架斯图卡轰炸机攻击波兰重要据点和保护德国的突进机械化部队。其中 140 架 Ju87 对华沙市附近的桥梁、炮兵阵地、街道和铁路进行了大规模准确的轰炸，摧毁了波兰人精心修筑的大量坚固据点。失去了这些据点，迫使华沙10多万波兰守军投降。9月16日，斯图卡袭击了布祖拉河两岸的许多渡口，当场击沉了海尔港内1540吨的"韦佛尔"号驱逐舰及"克里夫"号布雷

斯图卡俯冲轰炸机

舰。9月9日，15万波兰军队终于会合到一起，它们向波兹南的德军发动大举进攻。但是此时德军的空军联络小分队已经和巡航的斯图卡联络上，冲锋的波兰人还没有遇到德军的地面部队就遭到大批斯图卡的轰炸。波兰人历史上从来没有遇到过这种规模的轰炸，斯图卡尖利的啸声、密集的炸弹摧毁了波兰人的意志。连久经战阵的老兵也露出绝望的眼神，波兰部队随即溃散了。

波兰战役结束，整个战役中斯图卡只损失了38架，大约占参战斯图卡总数的10%（这个数字少于德国空军的平均战损——18%）。由于波兰空军主力的80%在开战1周内就失去战斗，而且波兰军队也缺少足够的防空武器，斯图卡的一些缺点被掩盖了。

1940年丹麦和挪威争夺战中，斯图卡仍然十分出色，除了用精确的投弹支援德国步兵以外，斯图卡R型还成功地封锁了海岸线，切断了英国远征军对这两国的支援。

斯图卡击沉了1艘英国巡洋舰，重创2艘挪威战舰，还击沉了几艘英国远征军的运输舰，阻碍了英国人增援的步伐。

在之前的低地国家的战斗中，斯图卡配合德军伞兵部队迅速占领了这些国家的很多重要据点。斯图卡对荷兰城区的轰炸，还导致了荷兰政府的投降。

斯图卡的很多问题在法兰西战役中集中体现出来。

首先，斯图卡的速度很慢，机动性很差。如果没有足够的己方战斗机保护，在敌方的战斗机攻击下，斯图卡打不过又逃不掉。其次，斯图卡的机身

较为脆弱，关键部位没有装甲保护。如果遭遇到敌军防空火力和敌军战斗机的袭击，很容易战损。最后，斯图卡的航程较短，需要占领敌军的机场予以使用，这在战时并不容易。在大不列颠战役中，斯图卡就因此吃了大亏。会战一开始 336 架 Ju87B 参与对英国的轰炸。但是德军主力 Bf109 战斗机的航程太短，无法全程保护轰炸机。在英国上空斯图卡经常在没有护航的情况下遭遇英国机动性极强的喷火式和飓风式战斗机的打击。斯图卡根本无法对付，曾经在一天之内被击落 30 架。为了避免更重大的损失，德军停止了使用斯图卡轰炸英国。

Ju87D 型是斯图卡的最终版本，也是最完美的型号。它是在 Ju87B 的基础上，根据法兰西战役和大不列颠战役的教训进行的最终改进型。它主要针对斯图卡的三个主要缺陷：航程短、空战能力差和对地空武器防御能力差进行了完善。采用新式的 1400 马力的尤莫 211J 型引擎。全新的引擎让飞机时速提高到 400 千米以上，航程扩大到 1200 千米，载弹量也增加到 1800 千克（载弹量相当于一般的轻型中空轰炸机了）。为了提高空战能力，在后舱换装了一挺双联装 MG17 机枪，增加了飞机的自卫能力。为提高对地面武器的防御能力，在关键部位加装了重达 1000 千克的装甲。这种设计使得飞机在俯冲的时候可以承受机枪和小口径火炮的打击。D 型除了保留斯图卡系列差劲的机动性能以外，整体作战能力比 B 型提高了一倍左右。整个 D 型作为斯图卡的主力机型，二战期间一共生产了 3000 架。

Ju87G 型是斯图卡系列的反坦克型，它的最大特点就是机翼两侧改装两门 37 毫米 Flak18 型长管反坦克炮，配有 24 枚钨芯穿甲弹，初速高、穿透力强，火力十分强大。该飞机 1943 年改装成功，在 1943 年的库尔斯克会战开始时大量使用。其实这也是德军的无奈之举。德军在进攻

装备反坦克炮的 Ju87G

苏联以后很快发现自己的主力坦克都无法和苏联主力坦克 T 34 对抗。

传统的斯图卡的反坦克作战，都是以近距离投掷炸弹，用破片将坦克摧毁。这对于英法装甲薄弱但是机动性强的坦克很有效，但是很难破坏装甲厚重的苏联坦克。曾经有过 30 架斯图卡空袭一支集结的苏联坦克部队，结果斯图卡投出了全部的炸弹，只摧毁了一辆坦克。

相比起来，如果使用坦克炮从上面攻击坦克最为脆弱的顶部装甲，作战的效果要好得多。对于一个有经验的斯图卡 G 型的飞行员，只用一两发炮弹就可以摧毁一辆坦克。在 Ju87G 服役的期间，击毁了数千辆苏联各种坦克，很大程度上帮助德国人抵抗了红色装甲的洪流。

B-52 战略轰炸机

B-52 是美国空军的亚音速远程战略轰炸机，主要用于执行远程常规轰炸和核轰炸任务。1948 年 10 月开始设计，1952 年第一架原型机首飞，1955 年 6 月生产型 B-52B 开始装备部队，先后发展了 A、B、C、D、E、F、G 和 H 等 8 型。B-52 于 1962 年 10 月停产，共生产 744 架。现在 B-52 和 B-1B、B-2 轰炸机一起共同组成美国空军的战略轰炸机部队。

美制 B-52 "同温层堡垒" 战略轰炸机

1954 年 5 月，美国驻莫斯科大使馆武官查尔斯·泰勒观看苏联红场阅兵时，发现苏联数百架神秘的喷气式轰炸机一个编队接一个编队通过红场上空，而护航的米格-17 战斗机伴随在轰炸机左右，犹如小蜻蜓。

五角大楼立即启动了所有的情报侦察手段，查明那是苏联米亚西舍夫设计局最新设计的米亚-4 "野牛" 战略轰炸机。美苏之间出现了事实上的 "轰炸机差距"。苏联阅兵后不到 1 周，美国战略空军司令部决定采取行动，以查明苏联人到底部署了多少架

"野牛"。

1954 年 5 月 8 日早 7 时，美国战略空军第 91 侦察联队驻英国费尔福德皇家空军基地的一架 RB－47E 侦察机对苏联基地展开侦察。事后，美国声称 RB－47E 带回了极有价值的情报，有了这些情报，美国人就有了发展新型战略轰炸机的理由。

B－52 "同温层堡垒" 战略轰炸机作为对苏联 "野牛" 机群的制衡力量迅速出现在美军序列中。

但美国人没想到的是，B－52 的对手纯粹是子虚乌有，"野牛" 确实研制出来了，但数量不多，阅兵式飞越红场时它们不断变换队形，反复飞过红场上空，制造了飞机满天的假象。

B－52 载弹量非常大，可携带 31500 千克各型核弹和常规弹药。核弹有空射巡航导弹、斯拉姆导弹、高级巡航导弹以及航空核弹。多种常规弹药以及联合直接攻击弹药、风力修正弹药布撒器等精确制导弹药、AGM－84 鱼叉、AGM－86C 空射巡航导弹、AGM－142 突眼以及联合空地防区外武器等。

美制 B－52 "同温层堡垒" 战略轰炸机

为了在美国战略要求和军费收缩中取得平衡，美国对 B－52H 战略轰炸机进行了多次改进。近年来，为使其能在 21 世纪之初继续保持战斗力，或使其能够多服役 40 年左右，美空军计划进一步对该飞机进行改进。

B－52 的主要作战任务一般包括常规战略轰炸、常规战役战术轰炸和支援海上作战。轰炸攻击范围大，空中加油后可飞抵地球任何一点轰炸。作战使用灵活，可挂载各种常规炸弹和精确弹药飞临目标上空实施轰炸，又可在离目标 1000 千米以外处发射空射巡航导弹对目标打击。但飞机自身没有隐形

人类飞行的故事

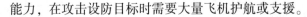

能力，在攻击设防目标时需要大量飞机护航或支援。

B-52 的作战方式在几十年内经历了巨大的转变。从最初的高空高亚音速突防核轰炸，到越战时的中高空地毯式常规轰炸，再到 20 世纪 80 年代的低空突防常规轰炸，以及 20 世纪 80 年代开始的战略巡航导弹平台概念，体现了军事航空技术的发展和变革。自 20 世纪 90 年代起，美国为 B-52 增加了使用 JDAM 等先进廉价制导武器的能力，使得 B-52 的作战能力倍增。到了阿富汗反恐怖战争期间，为对付大量的低价值面目标，B-52 重执地毯式轰炸方式，但辅助以地面特种部队的精确定位和实时通报，有效地打击了原本难以压制的塔利班地面部队。

B-52 可以从本土基地起飞，进行长途奔袭，也可从前沿基地如关岛的安德逊空军基地、迪戈加西亚和英国的费尔福德空军基地起飞，对目标进行打击。

在越南战争中，B—52 是大面积轰炸的主要工具，曾对越南南北方目标以及老挝、柬埔寨等地区目标进行过 126615 架次轰炸（1965 年 8 月～1973 年 1 月 15 日），投弹量为 250 万吨。

在整个越南战争中，B—52 出动量占各种作战飞机总量的 1/10 不到，但却投下近 1/2 的炸弹重量（300 多万吨）。在作战全期，有 17 架 B—52 被北方地空导弹或战斗机击落，另有 12 架非战斗损失。

海湾战争中，在第一天清早的攻击中，B-52 从距离伊拉克 4000 千米处的迪戈加西亚起飞，打击伊拉克前沿基地和跑道，有时候 B-52 在 400 英尺（1 英尺约为 30.48 厘米）的空中掠过，投下集束炸弹，瘫痪和摧毁了 4 个机场和临时的高速公路着陆带。几个小时后从巴克斯代尔起飞向伊拉克的目标首次发射常规空射型巡航导弹后返回巴克斯代尔，这 7 架 B-52G 在这次任务中，共经过 35 小时的飞行，航程达 22400 千米。B-52 的不间断轰炸成为一种强大的精神武器。

在海湾战争中，B-52 共飞行了 1624 个任务，投放 72000 枚炸弹，总 25700 吨，占美国空投弹药总量的 29%，空军投放炸弹总量的 38%。B-52 所投炸弹震天动地的巨大爆炸声，使伊拉克军队晕头转向，大大削弱了伊军的士气和战斗力。

1996年9月2日，巴克斯代尔的两架B-52H在代号为"沙漠之狐"的空中打击行动中从关岛起飞，投下13枚常规空射型巡航导弹后，未停留直接返回关岛。此次任务飞行了34小时，航程近256000千米。

在科索沃战争中，美军大量使用B-52H投掷面积杀伤武器，攻击前南斯拉夫大型目标，使许多机场、工业区等遭到巨大破坏。

自2001年10月7日开始对塔利班和基地组织进行打击以来，以B-52为首的战略轰炸机起了极大作用。美国从陆地空军基地出动的战术战斗机，包括F-14、F-15和F-16的投弹量仅占总投弹量的5%；与此相比，从航母上出动的战术飞机使用率高（占整个出动架次的75%），但其投弹量也只占总投弹量的25%。战术战斗机载弹量有限，相比之下，B-1、B-2、B-52的载弹量大，尽管其出动架次只占空袭行动的10%，但其投弹量则占总投弹量的70%。依靠战略轰炸机，美国不仅仅可从数百英里外的空军基地或航空母舰出动飞机来实施打击任务，更可从本土以远程轰炸机发起攻击，且一次比一次攻击的效果更大。

2003年3月起，B-52参与了伊拉克战争的猛烈空袭，攻击的目标是总统官邸、通信指挥机构和地空导弹发射场，同时对伊拉克周围的共和国卫队阵地，进行了"地毯式轰炸"。在这次战场上出现的地毯式轰炸中，从当时的电视画面上可以看到，同样是由B-52战略轰炸机实施，只不过所用的武器已经不再是单一的非制导常规炸弹，而是新型制导炸弹和老式常规炸弹混合的轰炸武器。

从英国的费尔福德基地和印度洋上的迪亚戈·加西亚美国空军基地起飞的B-52H战略轰炸机，混合携带JDAM制导炸弹、CBU-105等制导子母炸弹和非制导常规炸弹，对巴格达四周以及马苏尔和基尔库克北部的伊拉克地面部队阵地，以长连投方式首次同时实施系统的、大规模的地毯式轰炸。

由于这些新型精确制导炸弹具有很高的命中精度，B-52战略轰炸机实施的高空地毯式轰炸，不仅会有效毁伤伊军阵地上的武器装备和人员，而且对伊军士兵有相当大的心理震撼作用。

"獾"式轰炸机

图-16 是前苏联图波列夫设计局为前苏联空军设计的双发高亚音速中程轰炸机，是根据能对西欧北大西洋公约组织成员国的重要军事目标进行战略轰炸的要求而设计的。性能和尺寸大致和美国的 B-47、英国的"勇士"、"胜利者"和"火神"轰炸机相当。

图-16 轰炸机

图-16 于 1950 年开始研制，设计编号为图-88。1952 年首次试飞，1955 年交付使用。图-16 为服役编号。该机大约生产了 2000 架，1966 年开始退役，到 1992 年仍在服役的各型图-16 为 63 架左右。图-16 的北约绰号为"獾"。

图-95 轰炸机

Tu-95 轰炸机北约代号为熊，由前苏联图波列夫设计局研制，是目前全世界唯一仍在服役中的大型四涡轮螺旋桨发动机的远程战略轰炸机、空射导弹发射平台、海上侦察机以及军用客机。Tu-95 在冷战期间大量服役于苏联空军和苏联海军航空队，苏联海军航空队使用的机型改称 Tu-142。

图-95 轰炸机

从历史的角度来看，从苏联空军开始到现在的俄罗斯空军，机种机型已经更换了不少，唯有轰炸机仍使用 Tu-95 没有改变；它的"长寿"原因有几项：一是因为它的体积与滞空能力形成多种不同的功能性。以轰炸机的角度而言，Tu－95 就像是美国空军的 B－52 轰炸机；稍微修改便又可做不同功能用途，而不像 B－52 轰炸机的用途有单一化的情形，可以作为运输机、轰炸机、侦察机，甚至是军用客机。不过 Tu－95 原本的用途就是作为战略上核武器投掷的平台，之后再衍生出成为其他功能与用途的载具。

　　Tu－95 的研发始于 1950 年代，其原因是为了取代 Tu－4，以及 Tu－80（进化版的 Tu－4），甚至更大型的 Tu－85（Tu－4 的精装版）均不足以符合轰炸任务的毁灭/杀伤要求，尤其 Tu－85 还无法与美国空军当时的全天候轰炸机相较长短，因此苏联空军高层在 1950 年对图波列夫设计局与米亚西舍立夫设计局提出下列要求：

　　1. 轰炸机必须在不重复落地加油的情形下至少要具备 8000 千米的航程，要能够威胁打击到美国境内的重点目标。

　　2. 轰炸机必须至少能携载 11000 千克的武器并且将它们倾倒在敌人的头上。

　　这个看似简单的要求对图波列夫设计局唯一的难题就是发动机。第一代的涡轮喷气发动机不是没有列入考虑，不过其巨大的油耗远比不上涡轮螺旋桨发动机能提供更远的航程。压力随之而来的是普惠公司已经成功地研发出 J－57 发动机，这使得当时仍在研发中的 B－52 同温层堡垒轰炸机成为实现的可能。苏联的武器都

Tu－95 **发动机特写**

具备这样的特性，就是外形简单实用至上。

　　Tu－95 的首次对外公开展示是在 1955 年 7 月在图西诺机场举行的航空展，起初美国国防部对 Tu－95 并不重视，估计其极速为 400644 千米/时，航

程 12500 千米。这错误的推算数据一直维持到 1985 年才修正为：25000 磅负载时最大航程为 14800 千米。

苏联解体后，乌克兰曾接收约 70 架原属苏联空军的 Tu – 95 系列机，但现已全部退役。而俄罗斯空军接收的 Tu – 95 系列机到 2007 年时仍在服役，预计将持续服役至 2040 年。

海盗旗战略轰炸机

Tu – 160（北约代号："海盗旗"）是前苏联图波列夫设计局研制的可变后掠翼超音速远程战略轰炸机，用于替换 Tu – 22M 逆火战略轰炸机和 Tu – 95 轰炸机执行战略轰炸任务。

它非常类似于美国空军 B – 1 枪骑兵轰炸机，它是苏联解体前最后一个战略轰炸机计划，同时是有史以来制造的最重的轰炸机，目前仍在生产，大约有 16 架正在俄罗斯空军服役。

Tu – 160 "海盗旗" 被它的驾驶员昵称为 "白天鹅"，这不仅仅是因为它惊人的操控性能，也是它表面采用无光泽白色迷彩涂料的原因。

Tu – 160 可变后掠翼超音速远程战略轰炸机

由于美国空军从 1970 年提出关于 B – 1A 轰炸机的需求计划，因此苏联空军在 1972 年针对这一项需求提出类似的相关计划，包括一样必须是超音速飞行，可变后掠翼，以及航速能够达到 2.3 马赫的机种，以用于对抗美国空军的战略优势。图波列夫设计局混合了 160M 飞机加长主翼的设置与 Tu – 144 的机身概念，然后再与麦雅希熙契夫设计局 M – 18 以及苏霍伊 T – 4 侦察机进行比对；"海盗旗" 的血统从此可以确定它是一个多重父母的混血儿，它的可变后掠翼来自 M－18，而 M－18 的后掠翼又是苏联公认最成功的设计，而图波列夫设计局相中这一点的就是在航空动力学上无穷的潜力。企划案提出后的次年，在 Tu－22M 首次试飞后，图波列夫局被指派以麦雅希熙契夫局的设计进行发展研究。

1987 年 5 月，Tu－160 开始进入部队服役，1988 年形成初始作战能力。Tu－160 的作战方式以高空亚音速巡航、低空亚音速或高空超音速突袭为主，在高空时可发射长程巡航导弹在敌人防空网外进行攻击；担任防空压制任务时，可以发射短距离飞弹。此外，该机还可以低空突袭，用核子弹头的炸弹或是发射导弹攻击重要目标。

1989 年，美丽优雅又威力十足的"白天鹅"终于出现在苏联大众面前，而 1989 年到 1990 年也是 Tu－160 最忙的一年，该年它忙着以自身的重量等级打破 44 项世界飞行纪录。1995 年的巴黎航展上，西方世界第一次能够近距离观察到 Tu－160。

与美国的 B－1 枪骑兵轰炸机相比，速度 Tu－160 比枪骑兵快 80%、体积比枪骑兵大上将近 35%、航程比枪骑兵多出将近 45%，它的可变后掠翼内收时呈 20 度角，全展时呈 65 度角；图波列夫局的设计师在它的襟翼后缘上加上双重稳流翼，这样可以减少翼面上表面与空气接触的面积，降低阻力。

Tu－160 有两个弹舱，每一个弹舱都能够携带 20000 千克自由落体式炸弹（以传统 250 千克炸弹来说，Tu－160 就能够携带 FAB－250 炸弹 176 枚，比 B－29 超级堡垒轰炸机多 4 倍，比 B－52 同温层堡垒轰炸机多 46%，比 B－1 枪骑兵轰炸机多 17%），或者是以滚转式弹舱发射核武导弹。如果 B－1B 愿意牺牲操控与匿踪性能加上外挂武器的话，B－1B 得载重量可达 61000 千克，然而 Tu－160 也加上外挂弹药的话，还是比 B－1B 多携载 39% 的炸弹（Tu－160 外挂载量可达 45000 千克）。所以说目前全世界最大的重型轰炸机宝座非属 Tu－160 不可。

Tu－160 也是前苏联自二战以后第一架"无武装"的轰炸机，亦即它没有自我防卫的武器（Tu－22M 逆火战略轰炸机以及 Tu－95 轰炸机的机尾还有单座单/双管 23 毫米机炮）。

作战半径

作战半径是指战机携带正常作战载荷，在不进行空中加油，自机场起飞，沿指定航线飞行，执行完任务后，返回原机场所能达到的最远距离。它小于二分之一航程。是衡量飞机战术技术性能的主要指标之一。计算作战半径时，应从载油量中扣除地面耗油、备份油量和战斗活动所需油量。作战半径的大小与飞机的飞行高度、速度、气象条件、编队大小、战斗任务和实施方法等因素有关。

军用运输机

军用运输机运送军事人员、武器装备和军用物资的大型飞机，具有载重量大，续航能力强等特点，执行空运、空降、空投等任务。

军用运输机自卫能力较差，战斗中必须由战斗机护航。军用运输机开始是由轰炸机和民用飞机改装而成，后来逐渐发展成独立机种。20世纪60年代中期，采用噪音小、耗油低的涡轮风扇发动机。以后动力装置不断革新，性能大幅度提高。

军用运输机

美制C—5A战略运输机，装有四台涡轮风扇发动机，巡航速度871千米/小时，航程4700千米，载重120吨。可搭乘345名全副武装的士兵。军用运输机现正朝多机身、大功率的方向发展。

"环球空中霸王Ⅲ"

C-17"环球空中霸王Ⅲ"是麦道公司（现并入波音公司）为美国空军研制的一种采用上单翼、四发、T形尾、带后卸货扳的新型运输机。机身长53米，机高16.8米，翼展50.3米，外形尺寸与C-141相当。最大起飞重量263吨，最大载荷为150吨。机上带75.8吨载荷时，C-17可从2320米长的跑道起飞，然后在915米长的简易跑道上着陆。该机性能先进，装备部队后在多次局部战争中表现出了极佳的作战能力。由于美军不再订购新的C-17，而外国客户的订购数量不足，C-17的生产线面临关闭的危险。波音公司正努力谋求更多国内外订单，以维持生产线的生存。

C-17采用大型运输机常规布局。机翼为悬臂式上单翼，前缘后掠角25度，NASA翼梢小翼高2.90米。悬臂式T形尾翼。垂直安定面与机身连接处向前伸有小背鳍，嵌入式方向舵分为上、下两段，升降舵分为两段。液压可收放前三点式起落架，可靠重力应急自由放下。前起落架为双轮，主起落架为六轮。前起落架向前收入机身，主起落架旋转90度向里收入机身两侧整流罩内。可在铺设与未铺设的跑道上使用。起落架装有碳刹车装置。

C-17刚一出现就凭借先进性能，创造了许多世界航空纪录。C-17运输机曾在1993~1994年在货运类别中22次创造了爬高和速度纪录，这次又刷新了这两项纪录并创造了11项新纪录。2001年底，C-17在美国爱德华兹空军基地创造了13项航空新纪录。创造的主要纪录是：装载1000-40000千克有效载荷达到最大高度；无有效载荷达到最大高度；装载最大有效载荷飞到2000米；无有效载荷、稳定持久平飞达到最大高度。

C-17容战略和战术空运能力于一身。按能在货舱中2排布置6辆卡车的要求，货舱宽度为5.48米，长26.82米，高3.76米。吉普车可3辆并列，也可装运3架AH-64攻击直升机。各种被空运的车辆可直接开入舱内。机舱中心线和机舱两壁可装折叠式座椅。空投能力包括空投27215-49895千克货物，或空降102名伞兵。为了装载陆军最重的装备——55吨重的M1主战坦克，货舱地板由铝合金纵梁加强，达到了60吨的最高承载能力。

"灰狗"

C-2A"灰狗"是美国海军航空母舰舰载运输飞机，进行海岸设备和海上航母打击大队的人员、后勤物资和邮件的重要运输。

美国海军 C-2A 飞机

C-2A（R）飞机能够运送重达 4536 千克的货物飞行超过 1852 千米。19 架 C-2A 最初在 20 世纪 60 年代开始采购，并于 1987 年逐步被淘汰。39 架新生产型的替代 C-2A（R）飞机在 20 世纪 80 年代采购，如今现役还保有 35 架，该型飞机进行重大的机身和航空电子设备的改进。两个舰队后备中队，每个海岸各一个。这两个中队还在每个航空母舰上部署了 2 架 C-2A 飞机的分队。

C-130"大力士"

C-130"大力士"中型战术运输机，由美国洛克希德飞机公司制造。1951 年开始设计，1954 年 8 月原型机首次试飞，1956 年 12 月生产型开始交付美国空军使用。可以服务于战区内外的空运行动。

C-130 大力士飞机

C-130 可在前线简易机场跑道上起落，向战场运送或空投军事人员和装备，返航时可用于撤退伤员。改型后用于执行各种任务。C

美国 C－130E "大力神" 战术运输机

－130 能够进行昼夜和不良天候下的行动，为作战部队提供快速后勤支援。货物运输可以通过伞降、低空伞降系统或者着陆来完成。作为一个战术运输平台，它可以装载 92 名地面部队或者 64 名伞兵和装备。它也可以作为医疗撤退平台，能够装载 74 名伤患和服务人员。

C－130 是持续生产时间最长的战术运输机。已发展了三十多种型别，除用于运输的基本型外，还发展出用于试验研究、南极空运、军援出口、武装攻击、用于发射和控制靶机、电子监视、空中指挥、控制和通讯的型别；此外还有搜索救援和回收型、空中加油型、特种任务型、气象探测型、海上巡逻型，此外还有大量民用型别。

C－5 银河运输机

C－5 银河运输机是美国现役最大的战略运输机，它能够在全球范围内运载超大规格的货物并在相对较短的距离里起飞和降落。地面工作人员可以同时在 C－5 的前后舱门进行装载和卸载。

C－5 银河运输机

安－12 运输机

安－12，北约代号 "幼狐"，前苏联安东诺夫设计局研制的一种四发涡桨军用运输机，由安－10 民用机发展而来。安－12 原型机于 1957 年 3 月首飞。定型生产超过 900 架，军用、民用均有涉及，1973 年停产。

安－12BP 于 1959 年进入前苏军服役。其规格、尺寸、性能与同时期的美国 C－130 大力神运输机非常相似，被视为其对应版本。20 世纪 60 年代，中国从前苏联购买了若干架安－12 运输机，并计划在国内设置生产线。但随后中苏关系急剧恶化，苏联撤出技术援助，计划未能成行。直到 1975 年，中国在其基础上仿制的运输机首飞成功，改变了这一状况。到 1981 年，中国已经完全具备独立制造安－12 的能力，并已经以"运 8"为投产的运输机命名，此后，运 8 的发展逐渐跳出安 12 的框架，并发展出独立的衍生型号和改进型号。

安－22 远程重型军用运输机

安－22 是前苏联安东诺夫设计局研制的远程重型军用运输机，是世界上最大的涡轮螺旋桨飞机。主要用于运送部队和大尺寸、大重量的军事装备。可在边远地区的简易机场起落。

1962 年安东诺夫设计局开始设计，原型机于 1965 年 2 月 27 日首次试飞，当年首次在航展上公开亮相。1967 年末开始交付使用，1974 年停产。共生产 85 架，其中空军 50 架，民航 35 架。该机创造了多个飞行世界纪录。

安－22 远程重型军用运输机

安－22 货舱容积 640 立方米，可运载地空导弹、火箭发射车、导弹运输车、坦克、汽车等。驾驶舱内乘员 5－6 人，驾驶舱后面有一个与主货舱隔开的可容纳 28－29 名乘客的机舱。

安－22 投入服役时，是苏联唯一可运载 T－62 坦克的运输机，可载重 80 吨飞行 5000 千米。货舱容积 639 立方米，除可运载 T－62 坦克外，还可运载"飞毛腿"导弹、火箭发射车、导弹运输车、桥梁以及汽车等重型军事装备。

苏联曾使用安－22执行战略空运任务，飞往西半球、非洲和中东，在出兵前捷克斯洛伐克及阿富汗时所使用的主要运输机就是安－22。

安－22曾多次创造世界飞行纪录。1967年10月26日，创造了14项有效载重－高度飞行纪录。由于安－22的经济性和安全性不好，订货不多，只生产85架就停产了。安东诺夫设计局60年代末曾试图将安－22机身加长，改型成双层客舱的民用客机，载700名乘员，但由于技术难度大，又没有适用的大功率发动机，所以这项计划未能实现。

伊尔－76运输机

伊尔－76"耿直"式中远程大型运输机，是前苏联伊柳申设计局研制的一种大型运输机。

1971年3月试飞，1975年服役。乘员7人，动力为Л－30КД涡扇式发动机4X12000千克推力，翼展50.45米，机长49.59，机高14.76米，最大时速850千米，巡航时速750～800千米。巡航高度9000－12000米，实用升限15500米，航程5000千米。最大起飞重量170吨，载运量40吨或150名士兵，可载运各种装甲车辆、高炮或防空导弹。有近10种类别。

伊尔－76还可执行伞降任务，空投货物或经妥善包装的军用车辆。其最大载重量约40吨，可空投1个连的伞兵，或3辆伞兵战车。

中国空军的伊尔－76运输机

60年代末，由于苏联军事空运主力机型——安－12已经显得载重量小和航程不足，苏联为了提高其军事空运能力，决定研制一种类似于美国C－141重型运输机的运输机。第一架伊尔－76原型机于1971年3月25日在莫斯科中央机场首次试飞，同年5月27日在第29届巴黎国际航空博览会上公开展出。1974年由苏联空军航空运输司令部进行验收鉴定，认为飞机达到要求。试飞持续到 1975 年结束，随后投入批量生产并交付部队和民航。到 1992 年初，共生产 700 多架，年产量在 50 架以上。除俄罗斯空军和民航使用数百架伊尔－76 运输机外，还有 100 多架出口到世界上很多国家，如阿尔及利亚、伊朗、英国、叙利亚、印度、捷克、波兰、伊拉克、利比亚、阿富汗、古巴和中国等。

安－225

安－225 是前苏联安东诺夫设计局（现为乌克兰安东诺夫航空科学技术联合体）研制的世界上最大的六发涡轮风扇式重型运输机，用于在飞机外部装运航天飞机、火箭发射器部件和其他大型货物。1985 年中期开始设计研究，1988 年 12 月 21 日原

安－225 式重型运输机

型机首次飞行。1989 年 5 月 13 日首次作了背负 "暴风雪" 号航天飞机的飞行。至今只生产了 1 架飞机。

90 年代末，由安东诺夫航空科学技术联合体以及乌克兰 Motor－Sych 公司共同改装这架飞机，以符合国际航空标准，改装计划耗资 2000 万美元。于 2001 年 5 月试航成功。

安－225 运输机机身采用普通半硬壳式轻合金结构。最大起飞重量 600 吨，最大商载（内部载货或外部载货）250 吨，最大载油量超过 300 吨。最大巡航速度 850 千米/时，航程（内部载货 200 吨）4500 千米，最大燃油量航程 15400 千米。驾驶舱内 6 名空勤人员。机翼中央段后底层货舱上方为运载 60～70 名人员的客舱。底舱从机头至机尾贯通，地板用钛合金制成。货舱长 43.00 米，宽 6.40 米，高 4.40 米。货舱内可装载 16 个标准集装箱、80 辆 "拉达" 型轿车和各种重型自动卸货卡车，外部挂载所需要的地面试验设备和

现场维修设备。在机翼中央翼段上方有两根载货用的纵梁，机背上可负载超长尺寸的货物，如俄罗斯"能源"号航天器运载火箭和"暴风雪"号航天飞机等。

由于安－225是在安－124基础上加大，很多地方和安－124相似。与安－124相比加长了翼展，货舱长度增加，取消了后部装货斜板/舱门，使飞机总重和载重能力都增加50%。

最大起飞重量

指因设计或运行限制，航空器能够起飞时所容许的最大重量。最大起飞重量是航空器的三种设计重量限制之一，其余两种是最大零燃油重量和最大着陆重量。

起飞时航空器必须能产生大于航空器本身重力的升力，才能使航空器离开地面升空。由于航空器只能产生有限的升力，因此航空器本身的总重必须受到限制，以保障能够正常起飞离地。

在实际应用中，最大起飞重量还要受其他因素的限制，如跑道长度、大气温度、起飞平面气压高度和越障能力等。在确定民用航空器最大审定起飞重量时需要满足一定的适航标准，一般在国际民航组织规定的国际标准大气条件下测定。飞行前，飞机的总重都会被计算出来，飞行员会根据总重计算飞机所需的起飞速度并确保总重在最大起飞重量以下。

预警机与侦察机

侦察机专门用于从空中获取情报的军用飞机，现代空中主要侦察工具之一。按遂行任务可分为战略侦察机和战术侦察机。战略侦察机一般具有航程

人类飞行的故事

远和高空、高速飞行性能，用以获取战略情报，多是专门设计的。战术侦察机具有低空、高速飞行性能，用以获取战役战术情报，通常用歼击机改装而成。

侦察机一般不携带武器，主要依靠其高速性能和加装电子对抗装备来提高其生存能力。通常装有航空照相机、前视或侧视雷达和电视、红外线侦察设备，有的还装有实时情报处理设备和传递装置。侦察设备装在机舱内或外挂的吊舱内。侦察机可进行目视侦察、成像侦察和电子侦察。成相侦察是侦察机实施侦察的重要方法，它包括可见光照像、红外照相与成像、雷达成像、微波成像、电视成像等。预警机是装有远程预警雷达、能用于监视和警报敌方飞机或导弹活动的飞机，有"千里眼"之称。新型预警机除监视、警报功能外，还具备地面指挥所的职能，形成"空中预警和指挥系统"。

在现代军事活动中，通常都有预警机的身影：1982年叙利亚、以色列在贝卡谷地空战中，以色列空军之所以能取得79∶1的辉煌战果，主要是依靠 E-2 及时提供的战场空域情报。1982年6月9日开战之前，以军首先在地中海的安全空域9000米高空部署了两架 E-2C "鹰眼"预警机，居高临下监视叙利亚导弹发射场和空军基地的行踪。只要叙军飞机一起飞，就被 E-2 雷达发现，依靠其电子设备及时把叙利亚机型、航速、航向、高度等数据，连续不断地传送给以军战斗机。E-2C 预警机中 3 部由操纵员控制的显示台的荧光屏上，显示着100多架参战飞机的飞行航迹数据，把双方飞机清清楚楚地区别开来，向以军及时提供"制定威胁"和15个最佳截击建议方案，确定攻击来袭目标的先后顺序，使以色列飞机眼明手快，迅速占领有利位置，采取适当机动，从而能大量击落叙利亚飞机。而叙利亚飞机由于没有预警机通风报信和指挥，犹如瞎子跟明眼人打架，只能处于被动挨打的地位。

1991年海湾战争是一次以空袭为主要作战方式的战争。多国部队共出动11万多架次飞机，平均每天2600多架次，最多的一天达3500架次。如此大密度的飞行活动，多国部队靠34架预警机，组织十分严密，指挥得心应手，基本上没有发生差错。在为数不多的空战中，多国部队击落伊拉克44架飞机，而自己没有一架被对方击落，这其中预警机功不可没。1991年1月18日深夜，多国部队4架F-15C护航一批攻击机队通过巴格达东南方一个机场上空时，预警机向F-15C机长通报，有一架可疑的飞机正尾随他的机队。接着又通报可疑飞机是伊拉克的"幻影"F-1战斗机，已爬升到20400米，机头向西。F-15C根据预警机提供的情报找到目标，在距"幻影"F-1的19千米距离上用火控雷达锁住目标，接着发射"麻雀"中距空对空导弹击中目标。

预警机最早出现在第二次世界大战末期，当时美国海军将警戒雷达装到飞机上，用于提前发现躲在舰艇雷达盲区内低空飞行接近舰队的敌机。这种空中预警系统最大的价值在于它具有探测到地面雷达不能达到的隐藏在地平线下面目标的俯视能力，由于地球是球体，地面雷达对7万米以外的目标，因位于水平线之下而捕捉不到，而空中预警系统在约1万米高空飞行，能同时捕捉半径460千米范围内贴近海面或地面飞行的飞机、导弹以及海上舰艇等多种目标。空中预警机就像老鹰一样，有一双能从高空瞄准猎物的锐利的眼睛。

早期的预警机采用普通脉冲雷达，下视能力很差，一般只能用于杂波强度比较弱的海上，担负有限的警戒任务，也就是只能警戒不能指挥。40年代末、50年代初，西方装备的TBM-3W、AD-3W、WV-2、EC-121C和"塘鹅"等均属此类。60年代以来，由于电子技术、微波技术的迅速发展，预警机雷达多采用以动目标显示或脉冲多普勒体制，具有良好的下视能力等技术，加上数据处理能力和导航、通信技术的进步，预警机的功能由单纯警戒发展到可同时对多机目标实施指挥引导，于是发展成为高度机动的空中警戒和指挥系统。美国E-3A是这类高级预警机的典型代表。

预警机在结构上分为飞行平台、雷达天线罩和航空电子系统3大部分。

飞行平台即容纳各种预警专用设备的载体。大部分预警机由运输机或直升机改装而成。雷达的性能在很大程度上取决于天线孔径的尺寸，预警机便多选用大型飞机作载机，可以安装较大的雷达，探测距离远，有足够的覆盖范围，续航时间也长，并且可安装较多的操作台。若选用小飞机作载机，则安装的航空电子设备较少，功能也较少，价格相对也便宜些。

雷达天线罩是使预警机在外形上有别于其他飞机的明显特征。按雷达天线罩形状不同，分圆基式天线罩、平衡木型天线罩、锅型天线罩和加大机头机尾式天线罩。

典型的预警机的电子系统分为监视雷达、数据处理、数据显示与控制、导航、通信和敌我识别6个子系统。其中监视雷达是最关键的部分，它能在严重的地空或海空杂波环境上探测与跟踪远距离的高低空、高低速目标，有很大的覆盖范围，能够处理与显示数百个目标。

目前世界上有近20个国家和地区以及北约组织拥有空中预警机。西方经济发达国家美国、英国、法国、加拿大都有自己的预警机；德国、意大利是北约成员，也间接拥有预警机。除上述国家外，日本、俄罗斯、埃及、以色列、新加坡、沙特阿拉伯、瑞典、印度、澳大利亚、伊拉克、南非以及智利也已经装备了预警机，其他国家如韩国、土耳其、印尼、巴基斯坦、孟加拉、马来西亚、文莱以及菲律宾都有购买和研制预警机的意向。我国也引进和研制了自己的预警机，如在运8基础上研制的预警机。

各国现役300多架预警机中，数量最多的是E-2C，超过总数的1/2；性能最好的是E-3A，有近70架。

E-2"鹰眼"预警机

E-2绰号"鹰眼"，于1956年开始设计，1960年10月21日首次试飞，1964年1月正式交付美国海军使用。

E-2的布局十分独特，其尾部有4个垂直安定面，机翼和垂直安定面前缘都有充气式防冰罩。为了方便舰上停放，其机翼可以折叠。飞机背部的大圆盘是旋转雷达天线罩，可探测范围达到480千米，能自动和连续跟踪250个空中目标并能导引飞机或导弹对其中30个目标进行截击。

E-2预警机

E-2"鹰眼"舰载预警机服役已超过了40年。现在的E-2C飞机拥有世界领先的空中指挥控制能力。"鹰眼"预警机能够同时进行对空中和对水面的监视、打击和拦截控制、战斗管理以及搜索和营救。

首架生产型的E-2C，于1973年交付使用，装备了APS-145雷达，能够同时跟踪超过2000个目标，并能控制拦截20个空中目标。美国海军现在使用四种外形的E-2C Group II飞机，在服役的时间内经历了重大的改进。

现在E-2C的生产型是鹰眼2000，首架于2002年进入现役，包括一台改进型商用任务计算机、一台新的操作员显示器、升级过的制冷系统、改进型卫星通信和USG-3联合接战能力（CEC）系统。装备有CEC的鹰眼2000和E-2C飞机于2002年在阿富汗首次部署。E-2C飞机已经完全胜任在阿富汗和伊拉克的打击控制和加油控制行动。海军持续采购鹰眼从2000年一直到了2007年。

同时，海军于2002年开始部署一种新版本E-2D先进鹰眼飞机。主要是进行了重要的雷达和航空电子设备的升级。E-2D飞机希望能够在2011年形成初始作战能力。E-2D飞机的核心是ADS-18电子扫描阵列雷达。E-2D将进行多项改进和升级，包括座舱内战术显示器、一个改进的机身、新的发动机驱动发电机和新的发动机传动箱。诺思罗普·格鲁曼公司希望在2007年开始进行2架E-2D飞机的测试，并于2008年开始生产试验性生产飞机，于2009年开始小批量生产，2010年形成初始作战能力。

E-2C是E-2系列的第三种型别（前两种分别是E-2A和E-2B）。E-2的主要任务是舰队防空预警和空中导引指挥，自1977年换装新型雷达以来，E-2C也可在陆地上空执行预警和指挥任务。由于其独特的战术技术性能、显赫的战绩以及适中的价格，它成为预警机中最为畅销的一种机型。E-2C由载机和监视雷达、数据处理、数据显示与控制、敌我识别、通信、导航和无源探测七个电子系统组成。以色列曾经在1982年的中东战争中应用E-2C预警机和其他电子武器系统成功地进行了电子战，取得了良好的作战效果。

为适应未来战争的需要，美国海军正在实施E-2C预警机改进计划。通过改进后，E-2C将一直可使用到2015年，甚至可延续使用到2030年。

E-3 预警机

E-3是波音公司根据美国空军"空中警戒和控制系统"计划研制的全天候远程空中预警和指挥飞机，有下视能力，能在各种地形上空执行空中预警任务。从1963年提出要求，经过几年研制，1975年以波音707客机为基础改制的原型机首次试飞，1977年第一架生产型交付使用。

E-3的主要机载设备有雷达、敌我识别、数据处理、通信、导航与导引、数据显示与控制6个分系统。雷达为威斯汀豪斯公司研制的AN/APY-1型S波段脉冲多普勒雷达，平板隙缝式天线装在转速6转/分的天线罩内。天线罩直径9.1米、厚度1.8米、重6.8吨，装在后机身上4.27米的地方。天线可根据不同作战条件把360度方位圆

E-3 预警机

分成32个扇形区，选用不同的工作模式和抗干扰措施。敌我识别器是以AN/APX-130询问机为基础的高方向性询问接收式敌我识别系统，其天线在雷达天线的背面。通信系统装有14种高频、甚高频和超高频设备，在第三批飞机上装有三军通用的分时数字传输系统。导航系统装两套"轮盘木马"IV惯导系统，ANR-99奥米加导航仪，ANP-200多普勒导航仪，数据显示与控制系统为9台多用途数据显示与控制台，用以显示目标与背景信息，在显示器的下方用表格显示目标的各种数据。显示器还以放大32倍的倍率指挥多机作战。数据处理系统的核心为IBM公司的CC-1中央计算机，具有存贮量大、运算速度快（每秒运算74万次）、故障自检和多重处理能力，最多能同时搜索、发现600个目标，并对其中200个目标进行识别和跟踪。

E-3预警机上通常有17名工作人员，其中驾驶员4名、系统操纵人员

13 名。E－3 能执行与地面拦截控制中心相同的任务，实际上也是一个空中指挥所。它可直接向己方执行任务的战斗机发送目标的方位和高度等数据，并实施正确的引导，使己方占据有利位置。E－3 在离基地 1850 千米处执行警戒任务的留空时间为 8 小时。当飞行高度为 12200 米时，警戒范围为 445 千米。如等高中加油一次，留空时间可延长到 14 小时。

U－2 高空侦察机

U－2 侦察机

　　U－2 是美国洛克希德公司研制的单发动机涡喷式高空侦察机，可在 21000 米的高空飞行、照相、使用雷达侦察及截听通讯。主要用于执行战略或战术的照相和电子侦察任务。1956 年开始装备美空军。机长 15.11 米，机高 3.96 米，起飞重量 7384 千克，最大飞行速度 804 千米/时，最大升限

2.134 万米，航程 4180 千米。机载设备有：8 台照相侦察用的全自动照相机，能全天候工作且分辨率高，4 部实施电子侦察的雷达信号接收机、无线电通信侦收机、辐射源方位测向机和电磁辐射源磁带记录机等。

　　U2 于 1955 年试飞，1956 年开始装备部队，主要类别 A、B、C、D、R、S 型。乘员 1 人，装备 J75－P－13B 涡喷式发动机，1X7714 千克推力。翼展 31.39 米，机长 19.13，机高 4.88 米，最大时速 692 千米，巡航速度 692 千米/小时。爬升率 25.5 米/秒，实用升限 21000 米，最大起飞重量 18597 千克，作战半径 2800 千米，最大航程 8000 千米。继航时间：12 小时。能够携带各类传感器和照相设备，对侦察区域实施连续不断的高空全天候区域监视。

　　在 1960 年之前，U2 一直凭借高空优势在中国和前苏联上空横行。不过好景不长，1959 年 10 月 7 日，解放军刚成立不久的防空导弹部队二营使用苏制 SAM－2 低空导弹，击落 1 架由台湾飞行员驾驶的美制 RB－57D 高空侦察

机，拉开了解放军打击 U－2 的序幕。1962 年 9 月 9 日，导弹二营在江西省南昌市郊区首次击落了 1 架 U－2，之后又于 1963 年 11 月 1 日，二营再次击落 1 架 U－2。1964 年 7 月 7 日二营第三次击落 U－2。1965 年 1 月 10 日，导弹一营击落 1 架 U－2。1967 年 9 月 8 日，导弹十四营击落 1 架 U－2。这样解放军合计击落了五架 U－2，残骸均在国内做过公开展出。当时中国地空导弹部队只有三个营，每个营的拦截正面只有几十千米，而且主要用于保卫首都北京。面对 960 万平方千米的国土，仅靠 3 个营去抗击到处飞蹿的 U－2，难度确实很大。解放军为此设计了重点埋伏战术，并取得了成功。更重要的是，第一次击落 U－2 时，由于美方轻敌，解放军没有花什么大力气，但后来双方日益激烈的斗争锻炼了解放军防空部队。美方在 U－2 第一次被击落后，很快设计了绕弯、电子干扰、电子迷惑等战术和设备，解放军也不断提高自己的实战能力和技术，继续取得击落 U－2 的战果。

　　而在前苏联方面，1960 年 6 月 1 日苏联防空军使用 SAM 二 2 导弹首次击落了 U－2 飞机，飞行员鲍尔斯被俘。飞行员的被俘使苏联掀起了巨大的反美舆论攻势，为此美国从此取消了 U－2 在苏联领空的侦察任务。在这次战斗中，苏联防空军还出动了米格－19 战斗机和刚刚出厂的苏－9 战斗机进行拦截，可悲的是导弹部队后来把一架米格－19 误认为 U－2，击落了这架自己人的飞机。

　　U－2 采用正常气动布局，机翼为大展弦比中单翼，其动力装置为一台 J57 或 J75－P－B 发动机。飞行时高度是 25 千米以上的平流层，是普通机的两倍以上。飞机外表为了避免反射阳光涂成黑色，并加大机翼使其具有滑翔机特征。

　　机体为了减轻重量，机身采用全金属薄蒙皮结构，机身十分细长，也导致了 U－2 具有明显缺点。在 1969 前苏联红军使用地对空导弹攻击时，导弹在机体附近爆炸，爆炸产生的气浪导致飞机坠落，在坠落前机体已被严重破坏。飞行员穿有特殊的增压服，根据报道增压服为宇航员用服装，具有生命维持装置。

EP－3 侦察机

　　EP－3 是美国洛克希德·马丁公司研制的电子侦察机，它是美国海军 P－3 "猎户座" 海上巡逻机的改造型。美军从 1969 年开始使用 EP－3 电子侦察机。

EP－3 侦察机

　　EP－3 是美国的一种陆基情报侦察机，机上配备了尖端的电子信息拦截系统，它可以探测并追踪雷达、无线电以及其他电子通讯信号。它具有全天候侦察的能力，机动性较强，能迅速地提供所需情报。该型机的主要缺陷是无法进行空中加油，因此不得不依靠他国的基地才能进行空中侦察。冷战时期，EP－3 曾为美国中央情报局和国家安全局等情报机构提供服务。20 世纪 90 年代的海湾战争、科索沃战争中，EP－3 用于窥探敌情。除美国外，日本也用 P－3C 改装成 EP－3 装备日本海上自卫队。

　　2001 年 4 月 1 日，美国海军一架 EP－3 侦察机侵入中国海域上空对我国实施间谍活动，并撞毁我国战机，飞行员王伟壮烈牺牲。

无人驾驶侦察飞机

　　由无线电遥控设备或自备程控系统操纵的无人驾驶飞机。无人机有一次性和多次永久性两种。着陆或降落伞回收。根据用途，机上载有各种电子设备。它主要用于科研、军用高空侦察、训练靶机、核取样等任务。随着现代化电子遥控技术的提高，无人机发展很快。20 世纪 70 年代出现遥控无人机，由操纵人员地面或空中通过电视摄像机、数据传输等电子装备实施遥控。20 世纪 80 年代，美国等西方国家研制骚扰机，对地攻击机，目标探测机，遥控直升机，有些速度可达 M4.0。无人驾驶飞机的发展前景及用途必将越来越广。

　　无人机还可降低成本。一架"影子"无人机造价仅 55 万美元，还不到 F－15 战机的 1%。按美国空军审计机构的评估，培养一名 F－15 战机飞行员的费用更是高达 260 万美元。同时，无人机的战场存活率高。即使是非隐形设计的无人机，由于其尺寸小，发动机功率低，雷达反射截面积仅为 0.1 平方米，很难被发现。而最新研制的无人机更是采取了各种先进的隐身技术，使其在雷达隐身、红外隐身和声隐身等方面都能达到相当高的程度。

　　在越南战争期间，美军大量使用无人机对高价值或者是防御严密的目标进行侦察，以减小人员的伤亡或是被俘虏的风险。在 2001 年的阿富汗战争中，无人机第一次扮演攻击者，逐渐由战争"配角"转变成"主角"。2003 年，美军遥控"捕食者"无人侦察机，发射 2 枚"地狱火"导弹，击毙

美军"掠夺者"无人机

了拉登高级保镖、"科尔"号爆炸案主犯阿布·阿里。

　　目前，世界各国军队正大力研制装备无人机。国际宇航公司预测，到 2010 年，全球将拥有 12 万架军用无人机。显然，随着信息传输技术、计算机技术和飞行状态控制技术的发展，无人机将广泛地用于空战，并最终引起空战模式的革命。

"苍鹭"无人机

　　"苍鹭"是以色列飞机工业公司马拉特子公司研制的大型高空战略长航时无人机。该机的研制计划始于 1993 年底，1994 年 10 月第一架原型机首飞，整个研制时间为十个月，1996 年底正式投入使用。

　　"苍鹭"主要用于实时监视、电子侦察和干扰、通信中继以及海上巡逻等

任务。它可携带光电/红外雷达等侦察设备进行搜索、探测和识别，进行电子战和海上作战。在民用方面还可进行地质测量、环境监控以及森林防火等。

该机装有大型监视雷达，可同时跟踪 32 个目标。采用轮式起飞和着陆方式，飞行中则由预先编好的程序控制。"苍鹭"无人机曾在 1995 年巴黎航展和 1996 年的范堡罗航展上展出。

雷　达

利用电磁波探测目标的电子设备。发射电磁波对目标进行照射并接收其回波，由此获得目标至电磁波发射点的距离、距离变化率（径向速度）、方位以及高度等信息。

雷达一般包括：发射机、发射天线、接收机、接收天线，处理部分以及显示器。还有电源设备、数据录取设备以及抗干扰设备等辅助设备。

军用直升机

直升机的发展简史

直升机主要由机体和升力（含旋翼和尾桨）、动力、传动 3 大系统以及机载飞行设备等组成。旋翼一般由涡轮轴发动机或活塞式发动机通过由传动轴及减速器等组成的机械传动系统来驱动，也可由桨尖喷气产生的反作用力来驱动。目前实际应用的是机械驱动式的单旋翼直升机及双旋翼直升机，其中又以单旋翼直升机数量最多。

直升机的最大速度可达 300 千米/时以上，俯冲极限速度近 400 千米/时，使用升限可达 6000 米（世界纪录为 12450 米），一般航程可达 600 - 800 千米左右。携带机内、外副油箱转场航程可达 2000 千米以上。根据不同的需要，直升机有不同的起飞重量。当前世界上投入使用的重型直升机最大的是俄罗斯的米－26（最大起飞重量达 56 吨，有效载荷 20 吨）。

直升机的突出特点是可以做低空（离地面数米）、低速（从悬停开始）和机头方向不变的机动飞行，特别是可在小面积场地垂直起降。由于这些特点使其具有广阔的用途及发展前景。在军用方面已广泛应用于对地攻击、机降登陆、武器运送、后勤支援、战场救护、侦察巡逻、指挥控制、通信联络、反潜扫雷以及电子对抗等。在民用方面应用于短途运输、医疗救护、救灾救生、紧急营救、吊装设备、地质勘探、护林灭火以及空中摄影等。海上油井与基地间的人员及物资运输是民用直升机的一个重要方面。

目前直升机相对飞机而言，振动和噪声水平较高、维护检修工作量较大、使用成本较高，速度较低，航程较短。直升机今后的发展方向就是要在这些方面加以改进。

中国的竹蜻蜓和意大利人达·芬奇的直升机草图，为现代直升机的发明提供了启示，指出了正确的思维方向，它们被公认是直升机发展史的起点。

竹蜻蜓又叫飞螺旋和"中国陀螺"，这是我们祖先的奇特发明。有人认为，中国在公元前 400 年就有了竹蜻蜓，另一种比较保守的估计是在明代（公元 1400 年左右）。这种叫竹蜻蜓的民间玩具，一直流传到现在。

现代直升机尽管比竹蜻蜓复杂千万倍，但其飞行原理却与竹蜻蜓有相似之处。现代直升机的旋翼就好像竹蜻蜓的叶片，旋翼轴就像竹蜻蜓的那根细竹棍儿，带动旋翼的发动机就好像我们用力搓竹棍儿的双手。竹蜻蜓的叶片前面圆钝，后面尖锐，上表面比较圆拱，下表面比较平直。当气流经过圆拱的上表面时，其流速快而压力小；当气流经过平直的下表面时，其流速慢而压力大。于是上下表面之间形成了一个压力差，便产生了向上的升力。当升力大于它本身的重量时，竹蜻蜓就会腾空而起。直升机旋翼产生升力的道理与竹蜻蜓是相同的。

《大英百科全书》记载道：这种称为"中国陀螺"的"直升机玩具"在15 世纪中叶，也就是在达·芬奇绘制带螺丝旋翼的直升机设计图之前，就已经传入了欧洲。

《简明不列颠百科全书》第 9 卷写道："直升机是人类最早的飞行设想之一，多年来人们一直相信最早提出这一想法的是达·芬奇，但现在都知道，中国人比中世纪的欧洲人更早做出了直升机玩具。"

意大利人达·芬奇在 1483 年提出了直升机的设想并绘制了草图。

19 世纪末，在意大利的米兰图书馆发现了达·芬奇在 1475 年画的一张关于直升机的想象图。这是一个用上浆亚麻布制成的巨大螺旋体，看上去好像一个巨大的螺丝钉。它以弹簧为动力旋转，当达到一定转速时，就会把机体带到空中。驾驶员站在底盘上，拉动钢丝绳，以改变飞行方向。西方人都说，这是最早的直升机设计蓝图。

1907 年 8 月，法国人保罗·科尔尼研制出一架全尺寸载人直升机，并在同年 11 月 13 日试飞成功。这架直升机被称为"人类第一架直升机"。这架名为"飞行自行车"的直升机不仅靠自身动力离开地面 0.3 米，完成了垂直升空，而且还连续飞行了 20 秒钟，实现了自由飞行。

保罗·科尔尼研制的直升机带两副旋翼，主结构为 1 根 V 形钢管，机身由 V 形钢管和 6 个钢管构成的星形件组成，并采用钢索加强，以增加框架结构的刚度。V 形框架中部安装一台 24 马力的 antainette 发动机和操作员座椅。机身总长 6.20 米，重 260 千克。V 形框架两端各装 1 副直径为 6 米的旋翼，每副旋翼有 2 片桨叶。

1938 年，年轻的德国姑娘汉纳赖奇驾驶一架双旋翼直升机在柏林体育场进行了一次完美的飞行表演。这架直升机被直升机界认为是世界上第一种试飞成功的直升机。

1936 年，德国福克公司在对早期直升机进行多方面改进之后，公开展示了自己制造的 FW－61 直升机，1 年后该机创造了多项世界纪录。这是一架机身类似固定翼飞机，但没有固定机翼的大型双旋翼横列式直升机，它的 2 副旋翼用两组粗大的金属架分别向右上方和左上方支起，两副旋翼水平安装在支架顶部。桨叶平面形状是尖削的，用挥舞铰和摆振铰连接到桨毂上。用自动倾斜器使旋翼旋转平面倾斜进行纵向操纵，通过两副旋翼朝不同方向倾斜实现偏航操纵。旋翼桨叶总距是固定不变的，通过改变旋翼转速来改变旋翼拉力。利用方向舵和水平尾翼来增加稳定性。FW－61 旋翼毂上装有周期变距装置，在旋翼旋转过程中可改变桨叶桨距。还有一根可变动桨距的操纵杆来改变旋翼面的倾斜度，以实现飞行方向控制。FW－61 就是靠这套周期变距装置和操纵杆保证了它的机动飞行。该机旋翼直径 7 米。动力装置是一台功率103 千瓦的活塞发动机。这是世界上第一架具有正常操纵性的直升机。该机时速 100～120 千米，航程 200 千米，起飞重量 953 千克。

1939 年春，美国的伊戈尔·西科斯基完成了 VS－300 直升机的全部设计工作，同年夏天制造出一架原型机。这是一架单旋翼带尾桨式直升机，装有 3片桨叶的旋翼，旋翼直径 8.5 米，尾部装有 2 片桨叶的尾桨。其机身为钢管焊接结构，由 V 型皮带和齿轮组成传动装置。起落架为后三点式，驾驶员座舱为全开放式。动力装置是一台 4 气缸、55 千瓦的气冷式发动机。这种单旋翼带尾桨直升机构型成为现在最常见的直升机构型。

西科斯基不断对 VS－300 进行改进，逐步加大发动机的功率。1940 年 5 月13 日，VS－300 进行了首次自由飞行，当时安装了 66 千瓦的富兰克林发动机。

R－4 是美国沃特－西科斯基公司 20 世纪 40 年代研制的一种 2 座轻型直升机，是世界上第一种投入批量生产的直升机，也是美国陆军航空兵、海军、海岸警卫队和英国空军、海军使用的第一种军用直升机。

在 20 世纪 40 年代至 50 年代中期是实用型直升机发展的第一阶段，这一时期的典型机种有：美国的 S－51、S－55/H－19、贝尔 47；前苏联的米－4、卡－18；英国的布里斯托尔－171；捷克的 HC－2 等。这一时期的直升机可称为第一代直升机。

贝尔 47 是美国贝尔直升机公司研制的单发轻型直升机，研制工作开始于1941 年，试验机贝尔 30 于 1943 年开始飞行，1945 年改名为贝尔 47，1946 年3 月 8 日获得美国民用航空署的适航证，这是世界上第一架取得适航证的民用直升机。该机是单旋翼带尾桨式布局、两叶桨叶的跷跷板式旋翼。旋翼下面有稳定杆，与桨叶呈直角。普通的自动倾斜器可进行总距和周期变距操纵。尾梁后部有 2 个桨叶的全金属尾桨。

卡-18是苏联卡莫夫设计局设计的单发双旋翼共轴式轻型多用途直升机，于1957年年中首次飞行，此后不久投入批生产。采用两副旋转方向相反的三桨叶共轴式旋翼，桨叶为木质结构。装一台202千瓦的九缸星形活塞式发动机。机身为钢管焊接结构，具有轻金属蒙皮和硬壳式尾梁。座舱内可容纳1名驾驶员和3名旅客。采用四轮式起落架，前起落架机轮可以自由转向。

20世纪50年代中期至60年代末是实用型直升机发展的第二阶段。这个阶段的典型机种有：美国的S-61、贝尔209/AH-1、贝尔204/UH-1，苏联的米-6、米-8、米-24，法国的SA321"超黄蜂"等。这个时期开始出现专用武装直升机，如AH-1和米-24。这些直升机被称为第二代直升机。

20世纪70年代至80年代是直升机发展的第三阶段，典型机种有：美国的S-70/UH-60"黑鹰"、S-76、AH-64"阿帕奇"，前苏联的卡-50、米-28，法国的SA365"海豚"，意大利的A129"猫鼬"等。

在这一阶段，出现了专门的民用直升机。为了深入研究直升机的气动力学和其他问题，这时也设计制造了专用的直升机研究机（如S-72和贝尔533）。各国竞相研制专用武装直升机，促进了直升机技术的发展。

20世纪90年代是直升机发展的第四阶段，出现了目视、声学、红外及雷达综合隐身设计的武装侦察直升机。典型机种有：美国的RAH-66和S-92，国际合作的"虎"、NH90和EH101等，称为第四代直升机。

直升机的飞行原理

直升机发动机驱动旋翼提供升力，把直升机举托在空中，主发动机同时也输出动力至尾部的小螺旋桨，机载陀螺仪能侦测直升机回转角度并反馈至小螺旋桨，通过调整小螺旋桨的螺距可以抵消大螺旋桨产生的不同转速下的反作用力。

通过称为"倾斜盘"的机构可以调整直升飞机的旋翼的螺距，从而在旋转面上可以产生不同象限上的升力差，以此升力差来实现改变直升飞机的飞行方向，同时，直升飞机升空后发动机是保持在一个相对稳定的转速下，控制直升飞机的上升和下降是通过调整螺旋桨的总螺距来得到不同的总升力的，因此直升机实现了垂直起飞及降落。

常见直升飞机类型

单旋翼直升飞机：单旋翼带尾桨一个水平旋翼负责提供升力，尾部一个小型垂直旋翼（尾桨）负责抵消旋翼产生的反扭矩。例如，欧洲直升飞机公司制造的 EC - 135 直升机。

单旋翼无尾桨一个水平旋翼负责提供升力，机身尾部侧面有空气排出，与旋翼的下洗气流相互作用产生侧向力来抵消旋翼产生的反扭矩。例如，美国麦道直升飞机公司生产的 MD520N 直升飞机。

双旋翼直升飞机：纵列式两个旋翼前后纵向排列，旋转方向相反。例如，美国波音公司制造的 CH - 47 "支努干" 运输直升飞机。

横列式两个旋翼左右横向排列，旋翼轴间隔较远，旋转方向相反。例如，苏联米里设计局研制的 Mi - 12 直升飞机。

共轴式两个旋翼上下排列，在同一个轴线上反向旋转。例如，前苏联卡莫夫设计局研制的卡 - 50 武装直升飞机。

直升飞机的用途

直升飞机因为有许多其他飞行器难以办到或不可能办到的优势，受到广泛应用，直升飞机由于可以垂直起飞降落不用大面积机场。主要用于观光旅游、火灾救援、海上急救、缉私缉毒、消防、商务运输、医疗救助、通信以及喷洒农药杀虫剂消灭害虫和探测资源等，在国民经济的各个部门都能有广泛用途。世界直升机的队伍也在逐渐壮大。

武装直升机

装有武器并执行作战任务的直升机，亦称攻击直升机或强击直升机。主要用于攻击地面、水面和水下目标，为运输直升机护航，也可与敌直升机进行空战。具有机动灵活，反应迅速，适于低空、超低空抵近攻击，能在运动和悬停状态开火等特点。多配属陆军航空兵，是航空兵实施直接火力支援的新型机种。武装直升机可分为专用型和多用型两种。专用型武装直升机是专门为进行攻击任务而设计的，其机身窄长，机舱内只有前后或并列乘坐的 2 名乘员（甚至 1 名乘员），作战能力较强；多用途武装直升机除用来遂行攻击任务外，还可用于运输、机降、救护等。反坦克作战是武装直升机的主要用途之一，因此武装直升机又被称为"坦克杀手"；它与坦克对抗时，在视野速度、机动性及武器射程等诸方面明显处于优势地位。舰载武装直升机还可扩大舰艇或舰队的作战范围，增强作战能力。武装直升机一般携带机枪、航炮、炸弹、火箭和导弹等多种武器，最大平飞时速 300 千米以上，续航时间 2~3 小时。武装直升机广泛用于现代局部战争，在战争中发挥了重要作用，受到世界各国的十分关注。

直升机之最

世界上第一架直升机是由德国科学家福克于 1937 年设计制造的 FW－61 横列式双旋翼直升机。该机首次由女飞行员莱西驾驶，以 68 千米/小时的速度由柏林飞到伦敦，震动了整个航空界。

世界上最小的直升机是日本研制的一种单人超小型直升机。直升机安装有一台 37 千瓦的强制冷发动机，主旋翼直径约 6 米，自重仅为 115 千克。

世界上最大的直升机是前苏联于 20 世纪 60 年代研制生产的米－12 "信鸽"重型运输直升机。该机最大起飞重量为 105 吨，主旋翼直径为 35 米，机身长达 37 米，货舱长 28 米，可运送中型坦克和火炮，安装有 4 台 4.78 兆瓦的发动机，载重 40 吨。

飞得最快的直升机是美国西科斯基公司 S－67 型直升机。1970 年 12 月 14 日，飞行员库哥特·坎农驾驶 S－67 型直升机，创造了飞行速度 355.49 千米/小时的世界纪录。

飞得最高的直升机是法国的 SA－3158 型"美洲鸵"直升机。1972 年 6 月 21 日，飞行员吉恩·鲍莱特驾驶"美洲鸵"，创造了飞行高度达 1.2442 万米的世界纪录。

飞得最远的直升机是美国的 OH－6 型直升机。1966 年 4 月 6~7 日，该机由飞行员费瑞驾驶,创造了直线航程3561.55千米的世界纪录。

最早的直升机机降作战是1951年3月美军在朝鲜战场的旺方山战斗中实施的。此次战斗中,美军使用直升机将20余人机降在阵地上,配合地面部队夺取对方阵地。这也是直升机参加实战的最早记载。

世界上第一架武装直升机是由H-13直升机改装而成的。1953年美国在H-13直升机上安装了无控火箭、榴弹发射器、机枪和反坦克炮进行试验,从而提高了直升机的战斗性能,为以后武装直升机的发展创造了条件。

世界上第一种隐形直升机是美国研制生产的RAH-66"科曼奇"武装直升机。该机是美国陆军未来的主力机种,可执行武装侦察、反坦克和空战等多种作战与保障任务。

第一种使用弹射救生系统的直升机是苏联研制生产的卡-50"噱头"直升机。该机同时还夺得了第一种单座攻击直升机和第一种共轴式攻击直升机两项世界第一。

我国直升机的发展

直-5是我国制造的第一种多用途直升机,也是新中国直升机科研应用的开端。

研制初期代号"旋风25",原型为苏联米-4直升机。

1958年2月,哈尔滨飞机工业公司按照苏联提供的全套图纸资料开始仿制米-4,1958年12月14日首次试飞,1959年初由国家鉴定委员会正式验收,投入批量生产。1963年9月21日航定委同意直-5直升机优质过关,批准定型投产;其动力装置活塞-7于同年12月25日优质过关,投入批量生产。共生产了545架。

直-5可用于物资、人员输送、救生以及边境巡逻。1980年停产。

直-6是在直-5基础上改型设计的以空降为主的多用途直升机,1969年12月15日首飞,共生产了15架,未能正式投产。

二十世纪60年代中期,我国在研制轻型和中型直升机产品的同时,也开始考虑独自研制能装载1个加强排兵力的重型直升机产品。根据部队提出的需求，1969 年，中国航空研究院决定由新组建的直升机设计研究所承担重型直升机的设计任务，直升机的编号为直 - 7。1970 年 3 月，直 - 7 研制工作开始，承担研制的有直升机设计研究所等 5 个研究所和 2 个工厂。

直 - 7 的研制方案是：装 2 台涡轴 5 甲发动机，采用 6 片旋翼；除重新设计桨毂和减速器外，其他尽量采用直 - 5 和直 - 6 的零部件。直 - 7 设计为最大起飞重 14400 千克，有效商载 3500 千克，最大速度 240 千米/小时，最大航程 350 千米，实用升限 6000 米。

1971 年直 - 7 开始进行机体和部件的静力试验及调试。其间，领导机关曾决定将直 - 7 作为舰载直升机的试验机，1971 年 9 月，直 - 7 改舰载的工作停止，继续作为普通直升机研制。

1975 年 5 月，直 - 7 零部件加工完成了 97%，并已装配成两架机体，配套生产的成品已到货 90%。1979 年，直 - 7 重型直升机完成了全机静力试验。

然而，1979 年 6 月 28 日，国家决定直 - 7 重型直升机研制工作停止。其原因是由于国家财力有限，不可能同时投资研制两种重型直升机，为了全力确保由江西景德镇直升机厂承担研制直 - 8 型直升机项目，直 - 7 直升机只得为直 - 8 让路，从而宣告了直 - 7 重型直升机的夭折。尽管直 - 7 项目下马了，但直 - 7 研制的许多成果为后来成功研制出最大起飞重量达 13 吨的直 - 8 重型直升机打下了坚实的基础。

我国于 20 世纪 70 年代末购进了 14 架法国航宇工业公司研制的 SA321 "超黄蜂"大型多用途直升机，交由海军航空兵部队使用。该机型在法国于 1966 年开始交付使用，装备后成为我国第一代舰载机。随后，我国开始在 "超黄蜂"的基础上仿制直 - 8。

直 - 8 的研究工作由中国直升机设计研究所与昌河飞机工业公司共同执行。总体的规划是以直 - 8 舰载反潜型为突破口，进行引进仿制，随后进而改进研制直 - 8 陆军型，从而逐步提高我国大中型直升机科研、生产和装备的水平。1976 年研制工作开始，首架原型机于 1985 年 12 月首飞，1989 年 11 月通过国家技术鉴定，1994 年 12 月设计定型。1989 年，首架生产型直 - 8 于交付海军航空兵使用。直 - 8 曾经被看做中国陆航、海航的一大飞跃，因为这是我国第一种国产大中型多用途直升机。不想在 2002 年前的漫长岁月里，直 – 8 生产量很低，不超过 20 架。

直 – 8 采用了常规的直升机总体布局，单旋翼带尾桨。旋翼为 6 片矩形胶接全金属桨叶，桨毂铰接式，装有挥舞铰、轴向铰和带液压减震的摆向铰。位于尾翼顶端的尾桨共 5 片。为适应水上用途，采用船形机身，水密舱，两侧有固定水陆两用短翼浮筒，可以进行水上起降。在陆上采用不可收放前三点式起落架。

直 – 8 可载运 27 名全副武装的士兵，此时航程 700 千米，最大载重情况下可载运 39 人；也可以载运 1 辆 BJ – 22 吉普及有关人员；或装载 3000 千克货物飞行 500 千米，或外挂运送 5000 千克货物到 50 千米外的目标区域，然后返回原地。用于救护时直 – 8 舱内可载 15 名伤病员及担架，以及 1 名医护人员。执行搜索救援时，机上可装备 1 台液压救生绞车和 2 只救生艇，在陆地和海上执行救援任务。

实际上我国仿制直 – 8 的目的不在于陆基使用，而是为获得一种可靠的舰载直升机。因此直 – 8 很快发展了舰载型号。直 – 8 可装备吊放声呐、搜索雷达，可采用的武器包括鱼雷或导弹等。执行扫雷任务时，可拖曳 1 个扫雷具，在距基地 92 千米的水域以 46 千米的时速扫雷 2 小时。布雷作战时可携带 8 枚 250 千克的水雷。

直 – 8 还可用于人员运输、地质勘探、航空测绘、建筑施工、森林防火、边防巡逻、通讯联络指挥等民用用途。直 – 8 曾顺利执行过抢险救灾和科研试飞等任务，1993 年首飞西沙成功。

直 – 9 多用途直升机是由哈尔滨飞机制造公司引进法国专利、研制生产的。用于人员运输、近海支援、海上救护、空中摄影、海上巡逻、鱼群观测以及护林防火等，并可作为舰载机使用。军事用途包括侦察、近距火力支援、反坦克、搜索救护、反潜以及侦察校炮及通讯.

1980 年 10 月，国务院批准三机部以技贸结合形式，引进法国 SA365 "海豚" 型直升机的生产专有权合同。具体由哈飞负责，1982 年完成了首架飞机的装配。同年 2 月 6 日，直 – 96013 号机在首都机场进行试飞表演，解放军总部及各军兵种、各部委有关方面负责同志前往观看。9月21日，2架直-9首次交付中国民航广州管理局投入使用。后经哈飞长期努力，发展出多个型别，包括基型直-9，最初的专利生产型，至1990年底与法国协议签订的50架已全部生产完毕，其中28架为基型直-9；另外还有20架为直-9A，直-9后继续生产型，相当于SA365N2；随后哈飞生产了2架直-9A-100，初步尝试了直-9生产的国产化。1993年9月，哈飞又与法方签约生产直-9过渡型22架，另外哈飞还生产了8架直-9民用型。

1988年5月，直-9国产化总指挥部与有关部门签订了承包合同，其中哈尔滨飞机制造公司是总承包单位，用了3年多时间和其他90余家厂所协力攻关，于1992年1月16日成功完成了国产化直-9（国产化率达到71.9%）的首飞。此后直-9的生产全面转向国产型直-9，该型号定名直-9B。

根据解放军陆军和海军航空兵的需要，直-9又衍生出几种军用改进型：直-9A（国产化型）、直-9B（驻港部队）、直-9通讯型、直-9炮兵校射型、直-9电子干扰型、直-9C舰载型、直-9W反坦克型，直-9G。直-9G是W型的出口型，电子设备有所不同。

直-9C舰载型实际上是以直-9为基础改进的，和法国"海豚"的舰载型"黑豹"无太大关系。1987年12月2日，为海军改装的直-9C舰载直升机首飞成功。12月24日在舰上顺利降落，采用中国直升机设计所研制的快速着舰系留装置。定型后的C型加装了机头雷达，可挂载2枚"鱼-7"鱼雷执行反潜任务。

直10计划主要由哈尔滨飞机制造总公司负责，于1992年责成全国40余家相关院所立项开发，为陆军"九五"计划重点攻关项目。

WZ-10为发展自Z-9B的中型专用武装直升机，全机净重约5,543千克。其主要任务为树梢高度战场遮断，消灭包括敌地面固定和机动的有生力量，并兼具一定的空战能力。WZ-10未来配合设有顶置瞄具的Z-11轻型直升机取得目标，可完全在接近敌隐蔽处发动进攻，故战场生存能力极强。该机除部分光电瞄准系统可见于WZ-9外，更配有FLIR，因此具有有限复杂天气和夜间作战的能力。

Z-11 是中国直升机设计研究所与昌河飞机工业公司共同研制的轻型多用途军民两用直升机，是我国直升机行业从专利生产、测绘仿制走向自行设计的第一个机种。该机 1989 年批准立项，1992 年进入全面研制，1994 年 12 月实现首飞，1997 年开始交付使用。Z-11 主要用于教练、通讯、救护、侦察、护林和旅游等。

哈飞与法国欧洲直升机公司、新加坡科技宇航公司三国四方按照共同投资、共担风险、共享利益的原则联合开发研制了 EC120 直升机。单发 5 座多用途轻型 EC120B "蜂鸟" 直升机是目前世界最先进的 1.5 吨级直升机之一。在同级别直升机中，"蜂鸟" 具有更先进的性能，大量采用世界先进技术，是一种简单、高效、维护性好、易于操纵、乘坐舒适且成本低廉的直升机。

EC120 直升机通过了法国 DGAC 及美国、英国和欧洲适航当局等近 30 个国家和地区的适航认证。

EC120 直升机适用于载客和公务运输、新闻采集、外挂运输、农业喷洒、电力巡线、治安巡逻、航空医疗运输、观测、联络以及培训等多种用途。

2003 年 11 月 20 日晚 6 时，法国欧洲直升机公司、中国航空技术进出口总公司、哈飞航空工业股份有限公司、新加坡科技宇航有限公司四方在北京王府饭店签订合同，在中国哈尔滨飞机工业集团建立 EC120 总装生产线，EC120 直升机将更名为 HC120 直升机。

在我国使用的国外直升机有美制 "黑鹰" 直升机、法制 SA341 "小羚羊" 轻型直升机、俄制米 8/米 17/米 171 直升机、俄制米 6 直升机、俄制卡-28 反潜直升机等。

新中国航空工业建立近 60 年来，已生产交付军用、民用直升机 1000 多架。我国已成为世界上少数几个具有直升机科研生产能力并拥有完整战斗机系列的国家。美俄欧把直升机产业作为战略产业，国家大力支持，产品不断更新，技术不断提高。据统计，发达地区通用飞机与客运飞机的应用量比例大约是五到六倍的关系。目前我国直升机较少，民用直升机更少，随着经济的发展，直升机领域的市场潜力是相当大的。

随着我国国民经济的不断发展以及国防建设的需要，未来中国对直升机有着十分迫切的需求。

"河马"米-8

米-8直升机

苏联米里设计局研制的米-8河马战术运输直升机家族可谓有史以来最成功的设计产品。自从20世纪60年代研制成功后，米-8河马直升机已经被出口到世界上的许多国家。米-8不光在苏联、东欧国家和亲苏的第三世界国家服役，而且也被一些西方国家大量购买。使用者对于米-8的评价是：寿命长，坚固耐牢，能够承担各种军用和民用飞行任务。在其庞大的家族中，既有火力强大的"炮艇机"，又有舒适豪华的VIP专机。截止到2003年年底，米-8已经在70个国家的空军和陆军中服役，产量超过了12300架。目前，还在执行飞行任务的河马直升机数量大约在3650架，其中俄罗斯装备了1950架，其他国家装备了1700余架。

米-8的原型机于1961年6月24日首飞，当时米里设计局称其为V-8。这架V-8安装了一台发动机，被北约称为河马-A。1962年8月2日，装有2个发动机的V-8A（北约代号河马-B）改进型进行了首飞，并成为后来量产的米-8的原型。1965年，喀山直升机公司开始批量生产米-8河马-B直升机，这种直升机主要用于人员运输。紧随其后，米-8的第一种军用型M-8TV也于1968年进入苏联军队服役。米-8TV可装载2个或4个16管57毫米火箭发射巢或是2000千克重的航空炸弹。1973年，米里设计局又设计成功米-8TV的改进型，北约称为河马-E，和米-8TV相比，河马-E的火力更加强大，它可以装6个32管57毫米火箭发射巢，2000千克的航空炸弹和4枚9M17P（AT-4）反坦克导弹。在随后的几年里，米里设计局又以米-8TV为基础，陆续推出了多种特殊用途的直升机，诸如电子侦察，通讯侦察、电子干扰和战场指挥直升机。

1971 年，米里设计局开始对第一代米－8 进行系统的现代化改进，主要目的是为了提高米－8 的推重比。克里莫夫设计局研制成功了代号为 TV3－117 的涡轮风扇发动机，这种发动机和原先米－8 使用的 TV2－117 发动机相比，功率提高到 1874 千瓦，并且拥有全新的主变速箱和机械部件。在改进发动机的同时，米里设计局还对米－8 的外形和机体结构进行了重新设计，使河马显得更加简洁洗练。这些改进，使第二代河马与前身相比更加具有良好的飞行能力。1975 年，米里设计局将改进完成的米－8 命名为米－8MT（北约称之为河马－H），并在当年的 8 月 17 日进行了首飞，1971 年，米里设计局又赋予了米－8MT 全新的代号——米－17。1979 年到 1989 年间的阿富汗战争让米－8MT 声名大噪，一时成为许多国家争先购买的直升机。由于加固了其机体，改善了飞行能力，米－8MT 在遭到阿富汗游击队攻击的时候，依然体现了强大的生命力和可靠性。

"雌鹿"米－24

米－24 是前苏联米里设计局莫斯科直升机厂研制的武装直升机，是前苏联的第一种专用武装直升机，于 20 世纪 60 年代末开始研制，1969 年首飞，1973 年装备部队。约有 1250 架在独联体服役，并装备包括阿富汗、越南、阿尔及利亚、安哥拉、古巴、印度等国家。

现有型别：米－24A，早期型别；米－24D，武装型，用于空对空及空对地攻击，座舱重装甲，武器系统有 USUP－24 机关炮，机头装 12.7 毫米机枪，KPS－53A 光电瞄准具；米－24V，类似米－24D，改进翼尖发射巢及 4 个翼下挂架，最多可携带 8 枚 AT－6 "螺旋"无线电制导的

米－24 武装直升机

反坦克导弹，翼下挂架可选装 AA－8"蚜虫"空对空导弹，类似米－24，但机头换装双管 30 毫米机炮；米－24R，每次可采集 6 个土壤样本，以供 NBC 战分析（原子战、生物战、化学战）；米－24K，在机舱安装更大照相机；米－24BMT，扫雷型；米－24 生物勘查型，用于探索水面上油污染及季节性水位变化；米－25，米－24D 的出口型；米－35，米－24V 的非武装出口型；米－35P，米－24P 的出口型，米－35M，为满足俄罗斯军方最新机动性要求而升级，米－28 直升机的旋翼、尾桨和传动系统，减轻了重量，装备新的电子设备。

米－24 武器系统包括一挺遥控 4 管"卡特林"12.7 毫米机枪，储弹量 1470 发，4 枚 AT－2"蝇拍"式反坦克导弹，多种火箭、炸弹、布雷器，最多可装 1500 千克常规炸弹，试装 AA－8"蚜虫"、AA－11"射手"空空导弹。米－24P 空重 8200 千克，正常起飞重量 11200 千克，最大起飞重量 12000 千克。最大平飞速度 335 千米/小时，巡航速度 270 千米/小时，实用升限 4500 米，作战半径（最大军用载荷）160 千米，航程（标准内部燃油）500 千米，最大续航时间 4 小时。

"噱头"卡－50

卡－50，原编号为卡－136，是前苏联卡莫夫设计局研制的新型共轴反转旋翼武装直升机。北约组织给予的绰号为"噱头"，俄军将其命名为"黑鲨"或"狼人"。卡－50 于 1977 年完成设计，原型机于 1982 年 7 月 27 日进行首次飞行，1984 年首次公布，1991 年开始交付使用，1992 年底获得初步作战能力。

卡－50 武装直升机

卡－50主要用于完成反坦克任务，此外还可用来执行反舰/反潜、搜索和救援、电子侦察等任务。卡－50采用了很多先进技术，如红外抑制技术、红外诱饵撒布装置和装甲、先进的火控技术。1996年，卡莫夫设计局公开了卡－50的双座型卡－52，俄军将其命名为"短吻鳄"。卡－50与卡－52协同作战，形成黄金搭档。

"光环" 米－26

米－26前苏联米里设计局（现改名为米里莫斯科直升机厂股份公司）研制的双发多用途重型运输直升机，北大西洋公约组织给的绰号为"光环"。这种直升机是继米－6和米－10以后发展的重型运输直升机，也是当今世界上最重的直升机。为开发西伯利亚及北方沼泽和冻土地带，苏联决定发展一种全天候重型运输直升机。在20世纪70年代初开始方案论证，目标是其装载能力要达到以前生产直升机的1.5～2倍以上，正式研制工作大约持续了3年，原型机于1977年12月14日首次试飞。1981年6月，米－26的预生产型在34届法国巴黎航空展览会上首次公开展出，1982年开始研制军用型，1983年米－26交付使用，1986年6月开始出口印度。总计制造了约300架。目前仍在生产。米－26已发展有米－26A、米－26T、米－26P及米－26M等多种型别。

米－26直升机

米－26直升机具有极其明显的军事用途，这种直升机最大内载和外挂载荷为20吨，相当于美国洛克希德公司C－130"大力士"的载荷能力。米－26直升机主要用于没有道路和其他地面交通工具不能到达的边远地区，为石油钻井、油田开发和水电站建筑工地运送大型设备和人员。米－26往往需要远离基地到完全没有地勤和导航保障条件的地区独立作业，因此，要求直升机必须具备全天候飞行能力。

2008年5月25日15时50分许，由俄罗斯支援中国四川抢险救灾的一架

人类飞行的故事

米－26 重型运输直升机飞抵四川德阳市广汉机场，将执行吊运大型机械设备的任务，仅用两架次就将唐家山堰塞湖 230 名受灾群众转移到安全地带。

2008 年 5 月 26 日上午11：05，一架红色米－26 直升机吊装了一台重约13.2 吨的重型挖掘机前往唐家山堰塞湖坝体。

2008 年 5 月 29 日，四川汶川大地震之后形成的最危险的堰塞湖——唐家山堰塞湖抢险取得阶段性胜利。在岷江主汛期到来之前，为确保天府之国的平安立下汗马功劳。

"眼镜蛇" AH－1

AH－1 武装攻击直升机

AH－1 "眼镜蛇" 是贝尔公司为美国陆军专门研制的世界上第一种 "专门设计的专用的" 武装攻击直升机。20 世纪 60 年代中期，美国陆军根据越南战场上的实际需要，迫切要求迅速提供一种高速的重装甲重火力武装直升机，用来为运兵直升机提供沿途护航或为步兵预先提供空中压制火力。因为当时用普通运输直升机临时加机枪改装的火力支援直升机不仅速度慢，而且无装甲保护，火力也不强。

AH－1 "眼镜蛇" 直升机由于其飞行与作战性能好，火力强，被许多国家广泛使用，并几经改型。AH－W "超眼镜蛇" 直升机是新近推出的最新型反坦克直升机。该机更突出了高温高原性能，具有全天候昼夜作战能力和一定的空战/自卫能力。贝尔公司 1989 年又发展了四桨叶的 AH－1（4B）W "毒蛇" 直升机，采用了先进无轴承旋翼，载运能力将提高一倍，飞行性能也将有较大提高。

"黑鹰" 运输直升机

S－70 是西科斯基飞机公司为美国陆军研制的双发单旋翼战斗突击运输直

升机。美陆军编号 UH－60A、UH－60C，绰号"黑鹰"。1972 年开始研制，第一架原型机于 1974 年 10 月首飞，1977 年 8 月开始生产，1979 年 4 月开始交付使用。该机的主要任务是战斗突击运输，伤员疏散、侦察、指挥及兵员补给等任务，是美国陆军 20 世纪 80 年代直升机的主力。

"黑鹰"作为突击运输直升机在执行低飞作战任务时，极易遭受地面火力攻击，故该机在提高生存力方面采取了很多措施。例如，其机身及旋翼在制造上大量使用各类防弹材料，驾驶舱和发动机的关键部件均设有装甲；两台发动机由机身隔开，相距较远，如有一台被击中损坏，另一台仍可继续工作。而"黑鹰"的抗坠毁措施尤其值得一提，它采用固定式抗坠毁起落架、机身下部的蜂窝状填料以及高效减震座椅等。

"黑鹰"改进型有 SH－60B "海鹰"，反潜/反舰导弹防御型；EH－60A 电子对抗型；HH－60D "夜鹰"是空军的战斗支援型；EH－60B 远距离目标跟踪系统型；SH－6F 美国海军用作战型。

除美国之外，S－70 的主要出口装备国有希腊、日本、澳大利亚、西班牙、泰国、韩国等。

"阿帕奇" AH－64

AH－64 "阿帕奇"直升机是美国最先进的具有全天候、昼夜作战能力的武装直升机，由美国原休斯直升机公司研制，编号休斯 77 型。AH－64 直升机于 1975 年开始研制，主要用于反坦克作战。与其他直升机相比，"阿帕奇"的突出特点是：1. 火力强，它以反坦克导弹为主要武器，另外还有机关炮和火箭等；2. 装甲防护和弹伤容限及抗坠性能好；3. 飞行速度快；4. 作战半径大，可达 200 千米左右；5. 机载电子及火控设备齐全，具有较高的全天候作战能力和较完善的火控、通信、导航及夜视系统；6. 具有"一机多用"能力。

AH－6 的最大平飞时速 307 千米，实用升限 6250 米，最大爬升率 16.2 米/秒，航程 578 千米。主要武器：机头旋转炮塔内装一门 30 毫米链式反坦克炮、四个外挂点可挂八枚反坦克导弹和工具，19 联装火箭发射器。最大起飞重量 7890 千克。机上还装有目标截获显示系统和夜视设备，可在复杂气象条件下搜索、识别与攻击目标。它能有效摧毁中型和重型坦克，具有良好的生存能力和超低空贴地飞行能力，是美国当代主战武装直升机。

AH-6武装直升机

在第一次海湾战争实施大规模空袭前22分钟，8架"阿帕奇"攻击直升机从750千米外的基地起飞，发射了3枚"海尔法"导弹，导弹沿着波束飞向伊拉克西部2个地面雷达站，不到2分钟，就彻底摧毁了它们，从而为空袭部队提供了安全走廊，保证了空袭成功。其后，AH-64"阿帕奇"直升机又以单机摧毁23辆坦克的纪录载入史册。

CH-47"支奴干"运输直升机

CH-47"支奴干"是美国波音·伏托耳直升机公司研制的双旋翼纵列式全天候中型运输直升机，美国公司编号波音114/414。1956年开始研制，1961年4月28日第一架原型机YCH-47A总装完成。1961年9月21日进行首次悬停飞行。该机是根据美国陆军的全天候中型运输直升机要求设计的，可以在恶劣的高原高温组合条件下完成运输任务。

"支奴干"直升机

"支奴干"直升机的主要型别有：CH-47A，最初生产型，第一架于1962年8月16日交付给美国陆军，共交付美国陆军354架，泰国皇家空军 4 架，现已停产；CH－47B，CH－47A 的发展型，1967 年 5 月 10 日开始交付，总共生产了 108 架，1968 年 2 月交付完毕；CH－47C，CH－47B 的改进型，加强了传动系统，满足了美国陆军提出的新要求，即在大气温度 35℃、1220 米高度条件下，外挂 6800 千克载荷起飞，活动半径 56 千米，CH－47C 于 1967 年 10 月 14 日首次试飞，1968 年 3 月开始交付，1980 年夏天交付完毕，共交付美国陆军 270 架；CH－47D，CH－47 系列的最新改进型，第一架标准原型机于 1979 年 5 月 11 日首次试飞，1984 年 2 月 28 日首次装备美 101 空降师，达到初始作战能力，能执行各种战斗与支援任务，包括运送部队、火炮装置和战场补给。

"支奴干"出口的国家和地区相当广泛，主要包括英国、西班牙、澳大利亚以及韩国等，我国也曾在 20 世纪 80 年代购买过 6 架"支奴干"直升机。

CH－46 "海骑士"

CH－46 "海骑士"运输直升机首飞于 1958 年，正式服役于美国海军则在 1960 年，担任运输物资、人员等任务。虽然并非是特种作战直升机，但它却经常执行一些特种军事任务。

CH－46 直升机是美国海军陆战队最主要的军用直升机之一，这种直升机外形有点像公共汽车，双螺旋桨。海军陆战队主要用它把部队从舰上运到岸上，或把部队从营地运到作战前沿位置。而美国海军则用这种直升机把装备运到舰上或执行搜索与救援任务。

CH－46 直升机由美国波音公司制造。在整个服役期内，CH－46 直升机问题多多，命运时起时

CH－46 运输直升机

落。由于事故频繁，加上又不能弃之不用，所以美军只得经常进行检查，而

且海军陆战队下令每架 CH－46 每次只能载 12 人而不是原来规定的 25 人，所以每小时飞行的代价比以前上升了 75%。

在越南战争期间，这种直升机发挥了极大的作用。CH－46 初次服役是在越南战争时期，一开始用于从海军舰只上向陆上运送部队和货物，或者从陆上送到舰上，另外还执行了成千上万次救护受伤陆战队员的任务。自从越战以来，CH－46 几乎参加了所有美军大型的军事行动，包括 2001 年的阿富汗战争以及后来的伊拉克战争。

山猫直升机

山猫直升机

"山猫"是英国韦斯特兰直升机公司和法国航宇公司共同研制的多用途直升机。该机 1968 年 4 月开始研制，韦斯特兰公司领导设计工作。1971 年 3 月 21 日，第一架"山猫"的原型机首飞。1974 年初，"山猫"开始批量生产，装备在英国海军、陆军和法国海军。

"山猫"作为一种多用途的军用直升机，到目前为止已有二十种不同改进型。其中主要有："山猫"AH. Mk1，英国陆军通用型；"山猫"HAS. Mk2，英国海军轻型反潜反舰直升机；"山猫"HAS. Mk2，法国海军型；"山猫"HAS. Mk3，加大功率的英国海军型；"山猫"HAS. Mk3GM，英国海军阿拉伯海湾巡逻型。

韦斯特兰公司与意大利阿古斯特公司合并后，又将"山猫"进行重大改进，以适应技术发展和客户的不同要求，推出了最新的"超山猫 300"直升机。该机于 2002 年 7 月在英国范堡罗航展上首次露面。

海王直升机

"海王"是英国韦斯特兰直升机公司在美国西科斯基公司的 S－61 直升机

人类飞行的故事

的基础上研制的反潜直升机。该机采用了 S - 61 的基本设计，换装了动力装置，并安装了一些专用设备，主要任务是反潜，也可以执行搜索和救援、运输等任务。

"海王"除反潜型外，还有空中预警型、救援型、搜索型、支援型等。除英国外，印度、澳大利亚以及埃及等多国均装备了"海王"直升机。

海豚直升机

"海豚"是法国航宇公司（现欧洲直升机公司）研制的一种轻型运输直升机。1972 年 6 月原型机试飞成功，20 世纪 70 年代中期开始交付使用。目前已发展了多种型别，主要包括：SA365N，运输型；SA365F，反舰反潜型；SA365M，多用途军用型。

"海豚"直升机采用了大量复合材料，涵道式尾桨提高了安全性，起落架为前三点可收放式，机载设备比较先进，可执行多种任务。包括我国在内的许多国家，都引进了海豚直升机。

武装直升机

武装直升机是装有武器、为执行作战任务而研制的直升机。

在直升机上加装武器开始于 20 世纪 40 年代。1942 年（有说 1944 年），德国在 Fa - 223 运输直升机上加装了一挺机枪。20 世纪 50 年代，美、苏、法等国都分别在直升机上加装武器，开始主要用于自卫，后来也用来执行轰炸、扫射等任务。60 年代初，美国在越南战争中大量使用直升机（多为运输型）。战争中，其直升机损失惨重，因而决定研制专用武装直升机。第一种专门设计的武装直升机是美国的 AH - IG，1967 年开始装备部队，并用于越南战场。

目前，武装直升机可分为专用型和多用型两大类。专用型机身窄长，作战能力较强；多用型除可用来执行攻击任务外，还可用于运输、机降等任务。